青木,
우리 술을 말하다!

青木 이동식 저

추천사

그는 참 멋진 사람이다.
먼저 열정적이다. 솔직하면서도 진취적 사고를 지녔다.
그를 알게 된 것은 행운이다. 벗을 통해서였고, 그 벗은 갔지만 우정은 커지고 있다. 우리 두 부부는 거의 매주 산행을 하고 텃밭을 가꾸며 가끔 여행도 한다.
그의 우리 술에 대한 사랑도 크다.

그것은 차라리 집착이라고 적는 게 맞다. 처음 만날 때부터였고, 여전하다.
그는 화학을 전공하고 동아제약과 독일 훽스트 사, 스위스 클라리언트사의 대표이사를 지낸 직후, 바로 우리 술 연구에 몰두하고 있다. 배우고 만들고 시음해보고, 시중에 나와 있는 청주 막걸리 소주를 포함해서 각종 우리 전통주를 마셔도 본다. 지난 초여름엔 내 고향 안동에 갔다.
하회마을을 거쳐 안동 소주 명가를 찾아 유래와 현실을 알아보기도 했다.
나는 안내자 역할에 그쳤지만, 그의 인터뷰 수준이 다국적 화학회사 CEO답다는 느낌이 들었다.

애칭으로 부르는 이 회장은 매사에 적극적이다. 나라사랑도 어느 누구에 뒤지지 않는다. 그는 오늘의 우리 현실을 걱정하며, 역설적으로 망해봐야 한다고 말한다.
듣기 민망한 때도 가끔 있으나 나도 안타깝다.

그는 우리 술 동호인들과 책자도 내면서 우리 술 알림이로도 애쓴다. 전통방식으로 직접 만든 술을 모임에도 가져와 나눠마시는데 모두들 너무 좋아한다.
특히 그 향기, 식감이 정말 오묘하고 고급스럽다.
얼마 전 몇 자 써 달라는 부탁을 나는 거절 했었다. 나는 젊은 시절 폭음은 했지만 애주가는 분명 아니기 때문이다. 그는 머리 희끗한 70대 중반이다.

정신연령은 청장년이며 학생시절 핸드볼을 한 그의 몸은 탄력이 넘친다. 눈빛은 형형하다. 물리적 나이에 상관 없는 듯 그의 화학적 사고는 계속된다.
우리 것, 우리 문화가 차츰 잊어지고, 무시되고 사라지는 이 세태에 우리 고래의 전통가양주를 찾고 바람직한 술 문화를 확산시키려는 그의 노력이 보람으로 영글기를 기대하면서 일독을 권한다.

황 길수

(前 MBC 보도국 국장)

시작하는 글

“인생은 나에게 술 한 잔 사주지 않았다” 라고 시인 정호승은 애기했지만, 우리는 술 권하는 사회에 살고 있다.

나 역시 고단한 하루를 견뎌낸 나를 위로하며, 벗들을 만나는 기쁨으로, 조직을 다스리기 위한다는 핑계로. 무수히 많은 술잔을 기울인 주당으로 평생을 살아왔다.

원래 우리 집안의 내력은 술을 마실 수 없는 체질이었음에도 불구하고 아버지와 우리 두 형제는 술과의 인연을 이어가야만 하는 직업을 갖게 되어, 체질에 맞지 않는 술을 마셔야 하는 고통을 겪으며 술과 인연을 맺어가게 되었던 것이다.

술과의 첫 번째 인연은, ‘막걸리’하면 떠오르는 고려대학교에 입학하면서 시작되었다. 술이 체질에 맞지 않았지만 친구들과 어울리려면 도리가 없었다. ‘의리’하면 고려대학교, 고려대학교 하면 ‘막걸리’였으니 말이다.

두 번째 인연은, 카투사로 미8군에서 근무하는 동안에 맺어졌다. 일과 후에는 주로 서울시청 앞에 있던 차이타운에서 막걸리 대신 고량주를 마시면서 전우애(戰友愛)를 다지곤 했다.

세 번째 인연은, 독일 훽스트사 세일즈맨으로 입사하면서다. 정년퇴직할 때까지 40여년을, 맥주를 사랑하는 독일 사람들과 노상 맥주를 마시곤 했다. 그러는 동안 ‘이동식은 맥주를 아주 좋아하는 애주가’로 주변에 알려지게 되었다. 하지만 그 때까지도 나는 술을 조금씩 즐겨 마시는 정도였을 뿐이었다.

본격적으로, 술과의 인연을 맺게 된 것은, 막걸리를 마시는 자리에서 "화학을 공부 했으니 막걸리 한번 제대로 만들어 보면 어떨까?"라는 지인의 제안을 받으면서부터다. '그럼 한번 만들어 볼까!' 생각한 것이 우리 술과의 특별한 인연으로 이어지게 된것이다. 그후로, 누룩을 얻고, 구입하기도 하면서 이런저런 우리 술을 빚어 보았지만 만족할 만한 결과를 얻지 못했다. 그러던 중 2010년 부터 〈한국전통주연구소〉에서 가양주 기초과정, 마스터과정, 지도자과정을 이수하고 〈북촌전통주문화연구원〉에서 5년 가까이 술을 빚으며, 전과는 다른 의미로 술과의 인연을 이어가게 되었다. 우리 술과의 인연을 맺으면서 우리 술을 빚고 즐기는 주당으로, 우리 술을 사랑하고 널리 알리고 싶어 노력하는 주당이 된 것이다.

술에 대한 공부를 하면서 '인류의 역사는 술의 역사'이기도 하다는 점을 새삼 깨닫게 되었다. 서민들의 삶과 함께 해온 탁주(막걸리)는 흉년이 들면 금주령, 밀주단속 등으로 수난을 당하기 일쑤였고, 전통적인 방식으로 만든 탁주(막걸리)는 일제강점기의 주세법과 식량공출, 금주령, 6.25전쟁 이후 양곡 부족 등으로 쉽게 만날 수 없는 귀한 술이 되고 말았다.
최근 정부의 쌀 소비 촉진 정책과 양조업계의 기술발전으로 전통적인 방식으로 만든 전통주가 선을 보이고 있지만, 아직도 많은 사람들이 각종 감미료와 첨가제로 조제된 '막걸리' 와 '희석식소주'만을 우리의 전통주로 알고 있다는 건 한심하고 안타까운 일이다.

우리 술에 대한 관심과 애정이 깊어지며, 늘 술자리에 함께 할때마다 "아직도 '정종'을 우리의 '청주'와 동일한 술로 알고 있진 않은지?" "와인의 종류와, 브랜드, 빈티지(vintage) 등은 꿰고 따지면서, 전통주의 개념이니 종류에 대해서는 제대로 아는 게 하나도 없는 건 아닌지?" 를 묻곤 했다.
굳이 '가장 전통적인 것이 가장 세계적인 것이다'라는 말을 인용하지 않더라도 '대한민국 국민'으로 자부심있게, 당당하게 글로벌 세상을 살아가고 싶다

'De gustibus non est disputandum 취향은 논쟁의 대상이 아니다'

다시 말해, 각자의 미각에 대해서는 굳이 논쟁할 필요가 없다는 로마의 속담에서 볼 수 있듯이, 모든 사람이 같은 술을 좋아할 수는 없으며, 내가 혹은 누군가 '좋아하는 술'이 '좋은 술'이냐고 묻는다면 쉽게 답변하는 것도 어려운 일이다. 이에 조금 더 쉽게 접근하기 위해 일상에서 어렵잖게 접하는 음식들로 생각해보자.

라면과 자장면, 삼겹살구이는 대부분 좋아하고 즐기는 음식이지만. 건강에 가장 좋은 음식이냐고 물으면 쉽게 동의할 수는 없음은 누구나 알고 있는 사실이다. 그렇다면 우리의 전통음식인 된장찌개, 김치 또는 김치찌개는 어떨까? 아마도 한국 사람이라면 누구나 좋아하고 몸에도 좋은 음식이라는데 동의할 것이다. 물론, 발효 음식인 된장과 김치는 재론할 이유가 없을 만큼 맛있고, 많은 이들이 좋아하는 건강한 음식이다.

이처럼 맛이 있어서 좋아하고 몸에도 좋은 음식이 많은데도 '몸에 좋은 음식은 입에 쓰다'라는 말을 수도 없이 들어왔고, 맛이 없고 입맛에 맞지 않아 먹고 싶지 않은데도 몸에 좋다는 이유만으로 무언가를 먹어야 할 때마다 그 말을 떠올리며 끄덕이게 되는 건 왜일까? 이는 '좋아하는 음식'이 모두 '좋은 음식'이 될 수는 없기 때문 아닐까?

다시 술 이야기로 돌아가자.
우리가 주로 마시는, 감미료와 첨가제가 들어간 막걸리와 소주(희석식소주)를 좋은 술이라고 할 수 있는 것일까? 엄밀히 말하면, 주원료나 발효숙성 과정을 볼 때 전통주로서의 요건을 갖추지 못했고, 첨가제나 원료의 질을 볼 때 모두 '좋은 술'이라고 하기에는 무리가 있을 것이다. 하지만 막걸리, 소주(희석식소주)가 대한민국의 많은 사람들이 '좋아하는 술'이라는 것을 부인할 수는 없다.

그렇다면, '좋아하는 술'과 '좋은 술'을 어떤 기준으로 평가 할 수 있을까?
'좋아하는 술'은 각자의 취향 문제이기 때문에 객관적인 기준을 내놓기는 어렵지만 그래도 왜 이 술을 좋아하게 되었는지 그 이유는 한 두가지 있어야 하고, 이 술을 마시며 이야기 할 수 있는 스토리가 있다면 내가 좋아하는 술이 무엇인지 답하기에 훨씬 편할 것이다.
하지만 '좋은 술'이라 인정받기 위해서는 기본적으로 좋은 원료의 사용 이외에 누구나 납득할 만한 객관적 기준이 필요한데 다음 세 가지를 만족시킬 수 있는지의 여부이다.

첫째, 색(色)의 만족이다. 술의 종류에 따라 차이는 있지만 대부분 침전물이나 이물질이 들어가지 않아 맑고 깨끗한 술, 그리고 고유의 아름다운 빛깔을 지녀, 보는 이로 하여금 시각적 만족을 줄 수 있어야 한다.

둘째, 향(香)의 만족이다. 술의 원재료가 되는 포도, 사과, 복숭아, 자두, 망고, 바나나, 딸기 등 과실의 향기 혹은 장미꽃, 사과꽃 국화, 자스민, 라일락 등 꽃 향기로 술을 마실 때 독특한 그 술의 향에도 취할 수 있어야 한다.

끝으로, 맛(味)의 만족이다. 술맛은 원료와 발효, 증류, 숙성 방법에 따라 결정되는데, 당도(糖度), 산도(酸度), 알코올 도수 등에 따라 단맛(甘味), 신맛(酸味), 떫은맛(澁味), 쓴맛(苦味), 매운맛(辛味)의 다섯 가지 맛이 결정되고, 이외에 구수한맛(旨味), 짠맛(鹹味), 청량미(淸凉味)가 더해지는데 입에 머금고, 넘길 때 다양한 맛을 느낄 수 있다면 더할 나위 없을 것이다.

酒 술은 무엇인가?

술의 본래 말은 '수불'이다.
술은 '수불–〉 수블 –〉 수울–〉 수을–〉 술'로 변천되어 왔다고 추측 한다.
'수불'의 의미가 정확히 밝혀진 바는 없다. 하지만 많은 사람들이 술을 빚는 과정에서 일어나는 발효과정에서 붙여진 이름이라 추측하고 있다.
우리의 술은 곡식을 쪄서 익힌 뒤, 여기에 누룩과 일정량의 물을 섞어 빚는 것이 특징으로 그 후, 별도로 열을 가하지 않아도 일정 시간이 지나면 발효가 이루어져 부글부글 끓어오르면서 거품이 생기는 화학적 변화 즉, 발효 현상이 일어난다.
이러한 발효 현상은 아마도 과학이 발달하지 않은 예전에는 경이로운 현상이었을 것이다. 술의 본래 말이 '수불'인 것은, 물에서 난데없이 불이 붙는 것처럼 부글부글 끓어오르는 모습을 보고 이름 붙였을 것이라는 추측이 있다.
학술적인 술의 정의는 '알코올 성분이 함유되어 있어, 마시면 사람을 취하게 하는 기호음료의 총칭'이다. 술의 특성을 결정짓는 바로 그 '취하는 요소'는 에틸알코올(ethylalcohol, 또는 ethanol)이다. 우리나라 주세법상 술이란 섭씨 15도에서 주정(酒精, 에틸알코올) 성분 1% 이상을 함유한 모든 기호 음료를 말한다.

마시면 사람을 취하게 하는 것이 술의 본질이니
초측인탄주(初則人呑酒) 처음에는 사람이 술을 마시고,
차측주탄주(次則酒呑酒) 다음에는 술이 술을 마시고,
후측주탄주(後則酒呑人) 마침내는 술이 사람을 삼킨다.
법화경의 구절처럼 사람으로서의 품위를 지키며 술을 마시고자 한다면 스스로의 주량에 맞게 절제해야 할 것이다.

술을 마시는 여러 가지 이유

술의 사전적 의미는 '알코올 성분이 들어 있어 마시면 취하게 하는 음료의 총칭'이다. 종교적 혹은 기타 이유로 술을 마시지 않는 일부 민족을 제외하고 대부분의 민족, 국가에 그들만의 술을 만들어 마시고 상품화하고 있으며, 그 과정에 자국의 술, 자기 지역의 술에 상당한 애착과 자부심이 큰 힘이 되어주고 있음은 물론이다.

특정 국가, 지역의 문화가 그들의 생활 양식과 기후 등 환경적 영향을 받아 형성되는 것과 마찬가지로 술 역시 지역적, 역사적 영향을 받아 만들어지는데, 기후에 따라 어떤 농산물로 생산되어지는가가 특히 많은 영향을 미친다.

이처럼 어떤 곳에서, 언제, 누구에 의해, 무엇을 가지고, 어떻게 만들어지느냐에 따라 전혀 다르게 빚어지는 술은 어떤 용도에서 만들어진 것일까?

술을 만드는 이들이 많은 만큼 그 용도도 다양하지만 우리 술은 세시풍속(歲時風俗)을 바탕으로 발달하고 변화하였으며, 관혼상제를 비롯한 일상생활에서 활용되어 왔다.

때로는 제례나 혼례 등 의식에 올려지는 음식의 하나로, 때로는 생활 속 사교를 이어주는 도구로, 혹은 응급약을 대신해 사용되었던 술은 사람에게 유익한 것으로 생각되어 '백약지장(百藥之長)'이라 불리웠으나, 술을 과하게 마시면 취기로 인해 도를 넘어서는 행동을 취하게 되므로 '광약(狂藥)'이라 불리기도 했다. 다시 말해 술은 온갖 약 가운데 가장 뛰어난 약이기도 하지만 사람을 미치게 만드는 약이기도 하다는 뜻이다. 또한 술의 부정적인 면을 강조하여 망신주(亡身酒), 망국주(亡國酒)라고도 하였는데 술이 사람을 취하게 하여 몸을 해치고 가산(家産)을 탕진하기도 하거나, 임금이 주색(酒色)에 빠져 나라를 망치는 일도 있었기 때문이다.

이처럼 긍정적인 면과 함께 우려될 만큼의 부정적인 면도 지니고 있는 술을 현대를 살아가는 우리는 왜 마시는 것일까? 농부들은 새참으로 갈증과 허기를 달래기 위해, 고된 노동을 하는 이는 잠시나마 피로를 잊기 위해 추운 지역에 사는 이들은 술을 마심으로서 체온을 올리기 위해 마시는 등, 또한 어떤 일을 하고, 어디에 살고 있는지, 어떤 삶의 패턴을 보이는지 등 여러 가지 상황에 따라 각기 다른 답을 하겠지만 기나긴 역사의 터널을 지나는 동안 숱한 시련을 겪으면서도 '술'이 사라지지 않고 꾸준히 찾아지는 이유가 궁금하다. 과연 당신은 어떤 이유에서 술을 찾는지 읽으며 체크해 보자. 별 것 아니라 여길 수도 있겠지만 자신을 이해하는데 조금이나마 도움이 되지 않겠는가?

酒 술을 마시는 이유

- 술은 그 자체가 좋아서 마시는 내 인생의 동반자이다.
- 머뭇거려지거나 계기가 필요할 때 대화의 촉매제가 되어준다.
- 도저히 잊혀 지지 않는 아픔과 슬픔을 잠시나마 잊으려고 마신다
- 취하기까지와 취한 후, 기분이 좋아진다.
- 술을 마시면 용기가 생기는 것 같다
- 지치고 힘들 때 이겨내는 힘을 주는 삶의 촉매제가 된다.
- 행복하고 즐거운 날에 그 기쁨을 배가 되게 해준다
- 배우자나 가족, 친구에게 소외 받는 다는 기분이 들 때 위로가 된다
- 사업과 사회 생활을 위해 눈치보느라 억지로 마신다.
- 술이 정말 맛있다.
- 행사가 있을 때 기념하려고 마신다.
- 술이 거기에 있으니까 그냥 마신다.
- 나만 안 마시면 어색해져서 분위기를 맞춰 주기 위해 마신다.
- 술 마시는 사람이 멋있어 보인다.
- 기타 등등, 기타 등등..........

도대체 왜 술을 마시느냐고 지인들에게 물었을 때 제각각의 이유를 말했던 것처럼 미처 듣지 못했지만 더 많은 다양한 이유가 우리로 하여금 술을 마시게 할 것이다. 그만큼, 술은 점점 더 다양해지고, 여러 사람의 취향을 존중하며 맛있고 멋있게 만들어 지고 있으니 얼마나 더 많은 핑계가 생기겠는가!
사는 동안 '그냥' 이라는 말을 자주 쓰곤 하지만, 이유 없는 행동은 없을 테니 술을 마시는데는 분명 그만한 이유가 있다. 굳이 그 이유가 무언지 이 기회를 빌어 생각해 보자 했던 것은, 왜 술을 마시고픈지를 알면 어떤 술을 어떻게 마셔야 하는지를 선택하는데 도움이 되기 때문이다.
가뜩이나 내 의도나 선택과는 관계없이 무조건적으로 주어지는 것을 따르고, 먹어야 하는 경우가 많은 세상을 살면서 굳이 기호 식품인 술까지 다른 사람이 먹는 것을 따라한다면 술은 재미없고 맛없는 것으로 전락할 것이다.

한국인이 술을 사랑한다는 것은 뉴스나 통계를 찾아보지 않아도 알고 있는 사실인 만큼 왜 술을 마시려는지, 어떤 술을 어떻게 마시고 싶은지 되묻는 시간을 한번쯤은 가져보기를 바란다. 우리 술에 대해 적은 이 책을 읽고 전통주를 많이 접해 본 뒤 접하는 술의 폭을 넓혀 본다면 더 고마울 테고 말이다.

구룡사 대웅전, 흥왕사 속장경, 경주 황룡사탑 그리고 우리 술

구룡사 대웅전, 흥왕사 속장경, 경주 황룡사탑, 그리고 우리 술. 이들의 공통점은 우리가 지켜내지 못해 사라져버린 문화 유산이라는 점이다. 굳이 역사적 가치를 따지지 않더라도 우리 선조들의 수많은 이야기를 간직하고 있는 유산이라는 것만으로도 충분히 의미가 있는 유산들이 역사 속 시련과 우리의 무관심 속에 사라진 것이다. 물론, 지리적 이유로 유독 외란을 비롯한 시련이 잦았던 만큼 유적지와 유물, 우리 술을 지키는 것은 수많은 위협과 좌절을 겪어내야 하는 일이었고, 결국 너무 많은 것을 속절없이 잃어야만 했다. 하지만, 대부분의 사람들은 구룡사 대웅전이나 황룡사 탑 등 보이는 유적, 유물을 잃은 것만을 안타까워하고 우리 술, 우리의 넋을 상실해 버린 것에 대해서는 다소 무감각했고 지금도 그에 대해 아쉬워하는 이는 많지 않다. 심지어 시판되는 막걸리나 소주가 모두 전통적으로 내려오는 우리의 전통주 라고 착각하는 이들도 있다.

民俗酒
安東燒酎
趙玉花
진도홍주

이러한 상황에 대한 안타까운 마음 때문인지 나는 종종 우리에게도 '보르도 와인'처럼 역사와 명성을 지닌 우리 술이 있음을 지인들과 많은 이들에게 알려 주고 싶다.

언젠가 친지들과 함께 우리 술 한 잔을 기울이기 위해 정자역 근처의 적당한 술집을 찾았지만 우리 술을 마실 수 있는 곳을 찾을 수 없었다. 빈대떡 집, 생선회 집 등 온 거리를 헤매다시피 하며 우리 술을 판매하는 곳을 찾아보았으나, 그 어디에도 우리 전통 청주(예를 들면 경주교동법주 등) 혹은, 전통 증류식 소주(안동소주, 문배주 등)를 판매하는 곳은 없었던 것이다. 양주보다는 동양의 술을 주로 판매하는 참치 전문점에서조차 희석식 소주나 맥주, 그리고 일본의 전통주인 사케 뿐이었다. 우리 일행은 '혹시 마트에서는 구입할 수 있지 않을까?' 하는 생각에 '24시간 편의점'을 찾아갔으나 그 곳도 마찬가지였다. 그 날 이후, '그리도 널리 알리고 싶은 우리의 전통주는 어디에 있을까?' '도대체 왜 사람들은 우리 술을 찾지 않는 걸까?' 하는 의문을 갖게 되었다.

그렇게 혼자 남모를 속앓이를 하던 나는 얼마 전, 알 만한 사람은 다 아는 이름 난 고급 한정식집을 찾았다. 이곳은 7세 이하 어린 아이의 출입을 금지하고 있고, 손님이 많아 식사 시간을 1시간 30분으로 규제하고 있음에도 그 곳만의 음식과 식문화를 즐기려는 이들이 줄을 잇고 있었다. 그 정도의 고급 한정식 집이면 그 곳을 찾는 이들을 위해서라도 우리 술을 구비해 두었겠지 내심 기대했지만 무슨 까닭에서인지 이 곳의 메뉴판에도 우리 술을 찾을 수는 없었다. 단지, 잘 알지도 못하는 막걸리 하나가 수십 종류의 포도주 리스트 사이에 외로이 자리하고 있을 뿐이었다. 답답한 마음에 음식점의 매니저를 불러 "왜 우리 음식을 판매하면서 우리 술을 팔지 않느냐?"고 물어 보았으나,찾는 손님이 적고, 그럼에도 소수의 손님들을 위해 우리 술 판매를 건의하기는 했었지만 여러 가지 사유로 받아들여지지 않았다는 답변만이 공허하게 내 귓가에 돌아올 뿐이었다.

포천
쌀막걸리
KOREAN TRADITIONAL RICE WINE
막걸리
전통술 담그기 무형문화재
송명섭이 직접 빚은
생 막걸리
900 ml
경주법주
우리쌀
막걸리
750mL

도대체 왜 사람들은 우리 술을 찾지 않는 것일까? 그리고, 왜 음식점을 경영하는 업주들은 우리 술을 팔지 않는 것일까? 우리의 문화가 소중하다고 생각하고 우리의 것을 되살려야 한다는 것에는 우리 국민 모두가 이견을 달지 않음에도 불구하고, 왜 우리 음식을 취하는 이들이 우리 술을 되살리고 우리의 삶 속에 부활시키려는 노력을 하지 않는 것일까? 이 글을 읽는 이 시간을 빌어 함께 고민해 보았으면 한다.

우리 술을 공부하는 이로서 수없이 많은 시간을 고민해 얻어낸, 앞선 질문에 대한 답은 아래와 같이 네 가지로 요약할 수 있다.

첫째, 대부분은 시중에서 판매되고 있는, 감미료와 첨가제로 조미된 막걸리와 희석식 소주를 우리 전통주인 것으로 오해하고 있는 까닭인 듯 싶다. 다시 말해, 우리나라 국민들이 우리나라의, 우리 민족의 전통주가 무엇인지 제대로 알지 못하고 있다는 것이다.

둘째, 우리 술은 값이 싼 서민의 술이어서 접대를 하거나 격식을 갖추는 자리에 어울리지 않는다는 편견을 가지고 있는 경우가 많기 때문이다. 이 또한 희석식 소주나 시판 중인 감미료가 첨가된 막걸리를 우리 전통주로 착각하는 이들이 비일비재한 것과 무관하지 않을 것이라 생각된다.

셋째, 와인이나, 사케는 값지고 우아한 술이라는 그릇된 인식이 굳어져 고급 음식점에서는 그 음식이 어떤 것이든 관계치 않고 당연히 와인이나 사케를 함께 곁들여 마셔야만 품위를 지키고 대접받고 제대로 접대하는 것이라는 그릇된 선입견 때문일 것이다.

넷째, 점차 나아지고는 있으나 삶의 질보다는 국가 경제 발전과 부의 축적이 최우선이던 시기를 거치면서 민주주의나 자유시장경제라는 거대한 미명 아래 전통을 지키는 것보다 와인이나 고량주, 사케 등 널리 알려진 타국의 술을 들여와 비싼 가격에 판매하여 수익을 창출 하는 데만 급급했던 일부 요식업 종사자들과 주류 판매 업자들의 행태도 무시할 수 없는 원인이다.

그나마 다행인 것은 도대체 우리 술, 우리 전통주란 무엇이고 어디에서 구입하고, 어느 곳을 가야 마실 수 있는 것이냐며 자문하며 안타까워하는 지금도 누군가는 집안마다 전해져 내려오는 저마다의 역사와 이야기를 담아 독특한 맛과 향을 입힌 청주와 소주를 직접 빚으며 가문의 명맥을 이음과 동시에 우리 전통주, 우리 술을 지켜내는 분들이 계신다는 점이다. 물론, 굳이 알려진 명문가의 명주가 아니라 이름 없는 촌부, 촌로의 투박한 손으로 담아낸 정성들여 만든 탁주, 동동주 등도 우리 술을 지켜내려는 노력의 결정체인 만큼 칭송 받고 귀히 여김 받아야 마땅할 것이다. 부족하겠지만 우리 술에 대해 더 자세히 알기 위해 여러 문헌의 기록을 찾아내고, 발품을 팔아 직접 다니며 주조법을 배우고 익히며, 부족하나마 이렇게 우리 술에 대한 글을 쓰는 것도 많은 이들에게 전통주, 우리 술의 아름다움과 고결한 가치를 알리기 위한 진심어린 노력의 일환이다.

우리 조상들이 온 마음을 다해 정성들여 빚어낸 청주 소주 등의 우리 술은 어디로 가고, 전통주 족보에도 없는 조미된 막걸리와 희석식 소주가 우리의 국민주로 알려지게 되었는지, 심지어 우리 전통 음식을 취급하는 곳에서조차 찾을 수 없게 된 현실이 새삼 개탄스러운 것은 비단 나만이 아닐 것이라 믿는다.
'청동은 모양을 비추는 거울이지만, 술은 마음을 비추는 거울이다' 라는 말이 있다. 부디, 이제부터라도 우리의 마음을 비추어 주는 거울인 술을 우리 선조의 얼과 넋이 어린 전통주,우리 술로 바꿔 주기를, 이 글을 통해 가끔씩이라도 우리 술을 통해 많은 것을 생각하고 느끼며 우리 것, 우리 문화에 대한 또 다른 자부심을 갖게 되기를 기대해 본다.

酒 고구려 주몽도 술이 없었으면 태어나지 않았다~ 우리 술의 역사

삼국 시대 이전

술에 관한 이야기가 기록된 우리나라의 가장 오래된 고서는 제왕운기(帝王韻紀)이다. 고구려를 세운 주몽의 탄생설화에서 〈고삼국사(古三國史)〉를 인용하여 천제의 아들 해모수가 청하(압록강)의 웅심연(熊心淵) 에서 놀고 있던 하백의 세딸을 초청하여 술 대접을 하고, 세딸 중 큰딸 유화(柳花)와 함께 궁궐에서 잠을 자게 되어 주몽을 낳으니 그가 고구려를 세운 동명성왕이 라고 기록되어 있어, 이 때 처음 술이 등장하는 것을 알 수 있다.
또 다른 문헌에는, 삼국 시대 이전 삼한 시대부터 한해의 풍성한 수확과 복을 기원하며 맑은 곡주를 빚어 조상께 바치고 밤낮으로 춤과 노래를 즐겼다(晝夜飮食歌舞)는 기록이 있다.

삼국 시대

〈위지(魏志 동이전(東夷傳))〉에 "스스로 장 과 술 등 발효음식을 만들어 즐긴다.(自喜善藏釀)"라는 구절이 있는 것으로 보아, 고구려에는 발효식품인 술을 양조하였다는 것을 알 수 있다. 실제 당나라에는 '신라주'라는 것이 알려져 있었다고 한다.
이 당시 한반도의 기후는 고온다습하여 기장과 조, 수수, 보리, 쌀 등의 농사가 이루어졌다. 이런 곡식에 자연발생적으로 생긴 누룩(곡자:麯子)을 이용한 술 빚기가 이루어졌을 것으로 추측한다.
일본 최고 역사서인 〈고사기(古史記)〉에도 백제의 양조기술이 일본에 처음으로 전해졌다는 기록이 있고, 〈삼국유사〉에 삼국 시대에 이미 상식(常食)과 반주(飯酒) 개념이 자리 잡았음을 알 수 있는 기록이 있다.

고려 시대

고려 시대는 우리나라 식생활 문화의 체계가 정립된 시기다.
술도 송나라와 원나라의 양조법이 도입되어, 쌀 중심의 전통 양조법이 한층 발전되었고 청주, 탁주, 소주, 과일주가 구분되기 시작했다.
궁에서는 술을 빚고 보관하는 일을 전담한 '양온서'를 두었으며, 사찰을 중심으로 대규모의 양조가 이루어졌다. 고려 시대는 양조기술이 정착하고, 다양한 우리 술이 개발되었다.

조선 시대

조선 시대는 술의 전성기로, 지방과 집안마다 비법으로 빚은 명주들이 등장하는 시기다.

가양주 문화가 발달했던 조선 시대 술은 지방별로 뚜렷한 특색을 가지며 원료와 양조법이 다양해졌다. 멥쌀에서 찹쌀이 원료로 사용되면서 술도 고급화가 이루어진 것도 이 때다.
조선 시대 가양주와 지방명주가 발전했던 것은 유교가 성숙기로 접어들면서 가문 중심의 차별화된 주류가 개발되었기 때문이다.
그러나 양반계층의 소비 문화가 고급화되면서, 이를 우려한 금주령이 조선 시대 내내 선포되곤 했다. 식량 사정이 불안정한 시대에 고급술을 빚어 마시는 양반계층의 문화를 제재하기 위함이었는데, 정약용은 "전국의 소주고리를 걷어 식량난을 해소하소서"라고 호소하기도 했다.

일제 시대

우리 술의 침몰 시기다.
1876년 강화도조약이 체결된 이후, 일본의 양조 기술이 도입되면서 일본식 탁주와 청주가 한반도 전역에 퍼지게 되었다. 1905년 일본에 의해 을사조약이 강제 체결되면서, 일제의 수탈 중 제일 먼저 세금원의 대상이 된 것이 우리의 술이었다. 그 결과 1907년 9월에는 주세령의 강제 집행이 시작되면서, 우리 나라 전통주가 사라지기 시작했다.
주세법 시행 이후, 그토록 다양하고 화려했던 우리 술은 매우 단순화, 규격화되고 말았다.

해방 후

해방은 화려하고 다양했던 우리 술을 되찾을 수 있는 기회였다. 하지만 해방 이후에도, 주세와 관련된 법안은 조선총독부 시절 골격이 대부분 유지되었고, 1965년 정부가 식량난 해소를 위해 쌀을 술의 원료로 쓰는 것을 금지하는 '양곡관리법'을 선포하면서 우리 술의 전통은 맥이 끊기고 말았다.
우리 술 중 가장 고급술이었던 소주는 주정(酒精)에 물을 희석해 만든 희석식 소주로 대체됐고, 지방의 특산물로 빚어진 지방 명주는 잊혀졌다.
그러나 최근 들어 우리 술에 대한 관심이 늘어나면서, 전통적인 방식으로 빚는 우리 술이 선보여지고 있다.

'가까이하기엔 너무 먼 당신'
전통주를 아시나요?

재 너머 성권롱집의 술 닉닷 말 어제 듯고
누은 쇼 발로 박차 언치 노하 지즐타고
아해야, 네 권롱 겨시냐 정좌수왔다 하여라

송강 정철

송강 정철의 시조에서 보여지듯 우리 선조들은 집집마다 술을 담그고 그 술이 익기를 기다리고 마시는 과정 자체를 즐겼다. 이렇게 집에서 직접 담근 내림 술을 '가양주'라 하는데, 우리 전통주의 가장 큰 특징이 바로 '가양주(家釀酒)'라는 것이다. '가양주'는 가정이 있는 지역의 '특산물', '기후', 담그고 마시는 이의 '개인적 취향'에 따라 각기 다른 비법을 가지고 술을 담그기 때문에 결과적으로 '맛'과 '색', '향'이 모두 다른 술이 얻어진 까닭이 여기에 있고 이는 '명가명주(名家名酒)'라는 말의 어원이 된다. 포도밭을 소유한 수도원이나 인근 가정에서 생산한 프랑스의 와인에 비교해도 그 다양함이 뒤지지 않을 정도였다.

'전통주'라 하면, 많은 이들이 '막걸리'와 '소주(희석식소주)'를 떠올리고, 조금 더 나아가 '소곡주', '안동소주', '문배주'와 같은 이름이 알려진 술을 떠올리는 이들도 간혹 있으나 "가격이 부담되어 자주 마시게 되지는 않는다" 또는 "쉽게 구입할 수 없어 마실 수가 없다"는 등의 이유로 순수한 우리 술을 찾지 못하고 있으니, 전통주는 우리에게 유행가의 가사처럼 '가까이하기엔 너무 먼 당신'이 되어버렸다.

명절이나 제사 때나 되어야 맛 볼 수 있는 우리 전통주! 전통주는 어떤 술일까? 전통주는 쌀을 비롯한 '곡물류'를 주원료(主原料)로 하고, '전통누룩(곡자)과 물'만을 가지고 어떠한 감미료나 식품첨가물을 사용하지 않고 만들어야만 한다. '멥쌀, 찹쌀, 수수, 옥수수 등의 곡물을 고두밥, 범벅, 죽, 백설기, 구멍떡 등의 형태로 만들어 술을 빚는데 사용했고, 향기를 얻기 위해 각 계절에 피는 꽃과 열매를 이용해 가향주(佳香酒)를, 약재와 독특한 향이 있는 한약재 등을 첨가하여 빚은 약용약주(藥用藥酒) 를 빚었다. 그러다보니 전통주가 술 빚는 원료와 방법의 '다양성', 계절에 따라 기후와 원료, 숙성기간등이 달라지는 '계절성', 그리고 약주를 빚어 술을 즐김과 동시에 건강을 도모하려

는 '약리성'등 세 가지 특징을 지니게 된 것이다.
따라서 현 주세법에서 허가한 각종 감미료(甘味料) 와 첨가물을 이용하여 빚은 지금의 막걸리와 동동주, 희석식 소주, 청주와 약주 등은 위의 특징을 갖추고 있다고 보기 어렵기 때문에 전통주라 부르기에 무리가 있는 것이다.

간혹 "우리 전통주는 곡물, 전통 누룩(곡자)과 물만 가지고 만들었다"고 설명 하면 "그러면 우리 전통주와 서양, 중국, 일본의 술과는 어떤 차이가 있는 것이냐?"고 묻는 이들이 있다. 서양의 술과 동아시아 3국의 술을 다르게 하는 것은 양조에 발효제로 사용하는 누룩이다. 서양의 맥주와 위스키는 누룩 대신 맥아로 술을 빚는다. 누룩은 밀이나 쌀 같은 곡물을 물로 반죽해서 곰팡이가 피어나도록 발효시킨 것으로 우리 술도 이를 사용한 '누룩술'이다.
그렇다면 같은 누룩으로 술을 빚는 동양 3국의 전통술은 어떤 차이가 있을까?

'누룩'은 형태에 따라 밀이나 보리를 빻아 떡처럼 압착, 성형하여 자연 상태에서 미생물(곰팡이, 효모, 유산균 등)이 접종된 떡 누룩(막누룩)과, 찐 쌀알에 종균(씨곰팡이)을 인위적으로 접종시킨 흩임 누룩(코지)으로 나뉘어 지며, 어떤 누룩을 사용하느냐에 따라 술의 맛과 향기 및 주질(酒質)이 판이하게 달라진다.

일본은 양조시 코지(흩임 누룩)을 사용하기 때문에 그들의 전통주인 청주(사케)는 맛이 단순하다는 평을 듣는다. 반면, 누룩 곰팡이, 유산균, 효모 등 다종 다양한 미생물이 증식한 떡누룩(막누룩)으로 술을 빚는 우리의 전통주 '청주'는 다양하고 오묘한 맛과 향기가 나며, 차게 해서 마실 때 맛이 더 강해진다.
중국 청주 역시 떡누룩을 사용하는 점에서는 우리와 유사한 점이 있으나 대부분의 기름진 중국 음식에 어울리는 도수가 높은 증류주 위주로 발달하였다.

참이슬
100%
처음처럼 진한 21.5
순하리 처음처럼
유자
맑고 깨끗한
청하
淸
Cool&Fresh
16.06.27 14:21

우리의 전통 누룩은 자연 상태의 누룩곰팡이, 효모균 과 젖산균 등의 미생물이 공기(空氣)나 재료(材料), 그리고 누룩 띄울 때 사용하는 초재(草材)에서 자연적(自然的)으로 접종(接種)되어 증식되는데, 집집마다 환경이 다르므로 누룩 곰팡이, 효모균과 젖산균도, 달라서 그에 따른 맛도 달라질 수 밖에 없다.

중국인과 일본인들은 자신들의 전통주를 일상적으로 마시고, 심지어 사업을 하는 이들은 외국 손님이 방문할 경우를 대비해 전통주를 대량 구매해 놓는 경우가 종종 있다고 한다. 그런데 우리는 어떠한가? 다양한 맛과 향을 자랑하는 우리 전통주를, 조금만 마음을 쓰면 깊은 감동을 선물 받을 수 있는 우리 술을 한번도 접하지 못하거나, 혹은 극히 일부만 알고 있는 것이 현실이다. 스포츠 경기를 보며 '대한민국'을 외치는 것만이 애국이 아니다.

'가장 한국적인 것이 가장 세계적인 것이다'라는 말에 공감하며, 우리 술, 우리의 술 문화를 제대로 알고, 마시며, 이에 대한 자부심과 사명감을 품고 널리 알리기 위해 노력하는 것 또한 어렵지 않게 실천할 수 있는 '애국'이고 '세계화'일 것이다.

酒 우리 민족이 전통주를 본격적으로 마시기 시작한 건 언제부터일까?

삼국 형성기인 삼한 시대에 부여의 영고, 고구려의 동맹, 예의 무천 등의 제천의식에 주야 가무를 즐겼다는 기록이 삼국지 〈위지 동이전〉에 기록으로 남아있다.

삼국 및 통일신라시대에 다양한 곡물과 누룩과 맥아를 이용한 곡주(穀酒)들이 개발되기 시작하면서, 우리 민족은 전통주를 본격적으로 마시기 시작한다. 상류 사회에서는 청주를 즐겨 마셨다.

일본의 최고 역사서인 고사기 712년 에 의하면 일본의 응신천황 때 백제 사람 인번(仁番)이 일본에 누룩을 이용한 술 빚는 방법을 전하였으며, 천황이 이술을 마시고 덩실덩실 춤을 추었으며, 인번은 주신으로 추앙 받았다고 기록되어 있다.

고려 시대에는 송.원대의 양조법이 도입, 삼국 시대에 비해 곡류 양조법이 더 발전하였고, 누룩(국(麴))의 종류도 소맥국(小麥麴)과 미국(米麴) 등으로 다양화됨으로 술의 다양화 와 질적 변화가 이루어졌다.

'고려사'(1053년)에 의하면 고려 문종(1046-1082) 때 "궁중에서는 양온서라는 부서를 두고 왕이 마시는 청주와 법주를 빚어 질항아리에 넣어 명주로 봉해서 저장 하였다"고 하였으며, 송나라와의 교류로 사찰(寺刹)이 여행자의 숙박지이자 누룩과 술을 제조 판매하는 곳이 되면서 사찰을 중심으로 다양한 술이 발달하였다. 뿐만 아니라 '고려도경'(1123년)에서는 "고려에는 찹쌀이 없어서 멥쌀로 술을 빚는다."

그리고 "서민들은 양온서에서 빚은 그러한 맛 좋은 술을 얻기 어려워서 맛이 박(薄)하고 빛깔이 짙은 술을 마신다"고 한 것으로 보아 고려인들은 청주 외에도 탁주를 즐겨 마셨던 것으로 추측된다.

酒 소주를 마시기 시작한 건 언제부터일까?

고려 후기, 몽고의 침입(1274년)으로 소주 고리의 이용 방법이 도입되면서 증류주(蒸溜酒)가 유입되는데 이것이 소주의 시작이다. 고려를 지배한 몽고(원나라)가 일본 침략을 위한 발판을 마련하기 위한 전초 기지를 제주도, 안동, 개성에 설치하면서 이곳에서 소주를 만들어 몽고군에게 보급하게 되어서 그 전통으로 제주도, 안동, 개성이 소주의 명산지가 되었다고 한다.

조선 시대는 전통주의 전성기로 원료는 멥쌀 위주에서 찹쌀을 이용한 고급화를 이루었으며, 자가 제조에 따른 가양주 문화가 꽃피웠다. 이에 따라 각 지역의 다양한 원료와 양조법이 발달하여 지역별 명주의 전성기를 이루게 된다.

일제 강점기인 1916년 주세법이 시행되면서 양조장 통폐합과 술의 자가제조가 금지 되어 전통주의 맥이 단절 된다. 1945년 해방이후, 다시 우리 술이 부활되는 기회를 얻지만 한국 전쟁 이후 식량 부족으로 인하여 다시 주류 생산이 제한되고, 1965년 양곡 관리법에 따라 술 제조에 쌀 사용이 금지되면서 쌀 막걸리와 증류식 소주는 자취를 감추게 된다.

밀 막걸리와 고구마, 당밀, 타피오카 등을 이용하여 만든 주정을 물로 희석 각종 감미료 등 첨가물로 조제된 지금의 희석소주가 탄생한 것도 이즈음이다.

누룩이 없으면 우리 술도 없다

밀기울을 밟는다.
헝겊에 싸서 됫박에 넣고
발뒤꿈치로 다져 밟는다.
—중략—
썩어야 살아나는
동동 뜨는 밥알.
우리들 인생처럼
취중진담이 종착점인 것 같다.

강남주

강남주의 시에서처럼, 매일 먹다시피 하는 곡물과 물이 '썩혀서 다시 살아나, 전혀 다른 차원의 것이 되게 하는' 것이 바로 전통 누룩이다. 우리 술의 특징이 바로 이 전통 누룩에 있다고 하면, '전통 누룩'이 무엇이냐는 질문을 받게 된다. 이에 대한 나의 대답은 "메주를 알면 누룩을 안다"는 것이다.

메주는 메주콩이, 누룩은 밀이나 보리가 원료이기는 하지만 자연접종에 의

해 미생물을 번식시켜 띄운다는 공통점이 있다, 따라서, 메주로 만든 된장과 간장의 맛이 다르듯, 전통 누룩으로 만든 우리 술 또한 좁은 국토에서 빚어진 술이라고 믿기지 않을 정도로 다양하다. 이처럼 마술에 가까운 변화를 일으켜 술을 빚어내는 것이 전통 누룩이다.

누룩은 우리 전통주를 빚을 때 사용되는 발효제로, 술의 발효와 숙성 중에 호화(糊化)된 곡물(찹쌀, 멥쌀, 보리, 밀 등)의 전분질을 전분분해효소 (아밀라제)에 의해 분해 당화(糖化)시켜 포도당(glucose)으로 만들어 주는 '효소원' 역할과 야생효모(野生酵母)에 의한 알코올 발효의 '발효원' 역활을 동시에 수행하며 술의 맛과 향 등 품질을 결정하는 중요한 원료 중 하나이다. 쌀과 같은 곡물의 전분(澱粉, starch)의 당화와 발효를 같은 항아리 속에서 동시에 일으켜 우리가 마시는 술(에틸 알코올)의 형태로 변화시키는 역할을 하는 것이 바로 '전통누룩'이며 이 누룩을 이용하여 술을 빚는 것이 우리 '고유의 양조법'이다.

전통누룩은 밀이나 보리 등 곡물들을 분쇄하여 적정량의 물과 섞어 성형

한 뒤, 미생물의 증식에 적당한 온도를 제공함으로서, 자연 상태(自然常態)의 누룩곰팡이((野生곰팡이), 야생효모균(野生酵母菌) 과 젖산균(乳酸菌) 등의 미생물이 자연적(自然的)으로 접종(接種)되어 증식된 것으로 '곡자(麯子)'라고도 불렀다.

	효소		효모		
전분(녹말)	→	포도당	→	에틸알코올	+ 이산화탄소(탄산가스)
	당화	+	알코올발효		

누룩에 의해 당화와 발효가 동시에 수행

누룩은 한문으로 '국(麴)'또는 '곡(麯)'으로 표기하는데, '국(麴)'은 살균한 배지(培地)에 필요한 미생물(곰팡이균 등) 만을 인공적(人工的)으로 접종하여 집중 배양한 경우에 사용하며, 일본의 발효제인 코지(koji, 입국)이나 요즘 우리의 개량 누룩을 칭하며, '곡(麯)'은 미생물(누룩곰팡이와 효모 등)이 공기나 누룩을 띄울 때 사용하는 초재 등에서 자연적으로 접종되어 번식한 경우에 사용한다. 우리 전통 누룩을 '곡자(麯子)'라고 하는 것은, 곡자를 사용한 우리 전통주가 '자연 상태의 미생물이 자연스럽게 접종되어 발효된 술'이라는 의미이기도 하다. 이처럼 집집마다, 지역, 계절, 기후 등의 각기 다른 자연 상태에 따라 서로 다른 미생물이 접종되어 만들어진 전통 누룩을 사용해 빚은 것이 우리 술이기에 같은 종류의 술이라 할지라도 그 맛과 향이 달라지는 것이다.

같은 원료를 써도 제각각 다른 맛과 향기를 내는 오묘한 우리 술! 그리고 그 맛과 향기를 만들어 내는 1등 공신 전통 누룩! 경제 발전이라는 미명하에 식품에 무엇이 첨가되든, 건강에 어떤 영향을 미치든 개의치 않고 빨리 만들고 빨리 먹을 수 있는 음식만을 찾던 이전과는 달리, 이제는 푸드 마일리지 (식품의 생산에서 소비자의 섭취에 이르기까지의 소요된 거리)가 가장 짧은 곳에서 생산된 제철 재료를 사용해 원재료의 맛을 최대한 그대로 느낄 수 있는 요리와 건강에 유익한 슬로우 푸드가 인정 받는 시대가 왔다. 패스트 푸드의 대명사였던 햄버거 마저 신선한 재료, 개인의 입맛에 맞는 재료를 사용한 맞춤 수제버거가 대세인 것도 이같은 흐름과 다르지 않을 것이다.

술 역시 음식 문화의 한 부분을 차지하는 식품이다. 무엇이 들어갔는지도 모르고, 혹은 맛이나 보관을 위한다는 이름으로 화학적 재료를 첨가하거나 경제적 이윤 추구를 목적으로 저렴한 재료를 사용했음에도 쉽게, 저렴하게, 빨리 마실 수 있다는 이유만으로 아무 술이나 마시는 것은 이제 지양해야 하지 않을까?

술을 마시며 풍류를 즐기고 삶을 논했던 선조들처럼 지금부터라도 그 술을 생산하는 지역마다, 가정마다 그리고 계절에 따라 다른 특색이 담겨 있는 전통 누룩을 이용해 자연에 모든 것을 맡겨 느리게 발효되어 깊은 맛을 내는 우리 술이야말로 기다림의 미학이 빚어낸 우리의 맛을 제대로 즐겼으면 하는 바램이다.

나이가 들면 보수(保守)가 된다고 하던데, 진정한 보수는 가정이나 재산, 자신의 소유를 지키려 고집 부리는, 요즘 젊은이들이 시니어들을 비하하는 별칭인 '꼰대'같은 사람이 되는 것이 아니다. 도리어 진정한 나를 찾고, 내 나라와 전통을 지키는 사람들이어야 한다. 나 역시 오래 전부터 뜻을 같이 하는 사람들과 전통주를 재현하고, 마시는 일을 캠페인처럼 하고 있는 까닭이 제대로 나이듦을 즐기고 싶은 마음에서다.
우리 술을 빚을 준비를 하고, 수 많은 시간과 공을 들여 만들었음에도 아깝다 생각지 않고 지인들과 웃으며 술 한 잔을 기울이며 나눌 때마다 늘 상상한다. 남녀노소를 가리지 않고 함께 전통주를 공부하고 빚어내는 상상을!

酒 누룩이 처음 만들어진 건 언제일까?

누룩이 처음 만들어진 것은 중국 춘추전국시대(BC 5세기경)로 추정되나 우리나라에서 누룩에 관한 기록이 처음 등장하는 것은, 1123년(인종1년) 고려중기 송나라의 사절로 고려에 와있던 '서긍'이 지은 책 〈고려도경〉에서이다.

우리나라의 기록은 아니지만 일본의 최고 기록인 〈고사기(古事記)〉(712년)에 의하면 '응신천황(應神天皇) 때 백제사람 인번(仁番, 수수보리(須須保利))이 일본에(270-312년?)누룩을 이용한 술 빚는 방법을 전하였으며, 천황이 이술을 마시고 덩실덩실 춤을 추었으며, 인번이 주신(酒神)으로 추앙 받았다' 고 하는 기록이 있는 것으로 미루어, 누룩이 우리나라에서 만들어진 시기는 삼국시대 이전인 것으로 추측된다.
구체적인 누룩제조 법은 조선시대 중엽(1450년 경)의 음식 관련 문헌인 〈산가요록〉 〈규곤시의방〉, 〈음식디미방〉 등에 기록되어 있는데, 누룩의 재료로는 밀, 쌀, 보리, 녹두 등이 이용되었다고 한다.

酒 누룩도 쓰임이 다르다?

누룩은 약주용, 탁주용, 소주용 누룩이 있다.
누룩은 크게 떡누룩(병곡) 흩임누룩(산국)으로 나누고, 또한 원료의 분쇄정도에 따라서 분곡(粉麯), 조곡(粗麯)과 백곡(白麯)으로 분류되는데, 밀을 갈아서 고운가루로 만든 '분곡'은 주로 약주와 청주에 사용하고, '조곡'은 밀기울이나 밀가루를 포함한 거친 분말로 만든 것이며, 주로 탁주(막걸리), 소주용으로 사용한다. 그리고 밀기울이 섞이지 않은 순수한 밀가루만으로 만든 '백곡'은 주로 약주용으로 사용한다.
전통주에 쓰이는 전통 누룩은 밀과 보리, 기장, 조 등 전분질을 함유하는 곡물이면 모두 가능하나, 밀누룩이 가장 널리 이용되는 것은 밀누룩이 발효가 잘되고 향기가 좋기 때문이다.

막걸리와 부의주(동동주)의 차이를 아시나요?

술을 마시는 것은 많은 이들에게 빼놓을 수 없는 즐거움이나 모든 것이 과하면 부족한 것만 못하듯 술 역시 과하면 사람이 술을 마시는 것이 아니라 술이 사람을 마시는 지경에 이르기 때문에 술은 지나치지 않게 음미(飮味)하며 마셔야 한다. “술을 물처럼 마시는 자는 술을 마실 가치가 없다.”라고 한 독일 시인 프리드리히 V. 보덴슈테트의 말처럼.

그렇다면, 술을 음미한다는 것은 어떤 것일까? 그 첫 걸음은 술을 제대로 아는 것에서 시작한다. 과연 이 술은 어떤 재료로, 어떻게 만들었는지, 어떤 향과 맛인지, 그리고, 이 술에 어떤 스토리가 담겨있는지를 알고 공감하는 과정이다. 이를 알고 마시다 보면 술 자리가 보다 풍성해지고 술의 맛과 향을 제대로 음미하게 되어 아무 생각 없이 들이켜는 것에 비해 유익해 질 것이다. 특히, 우리 술에는 만든 이의 철학과 삶이 닮겨 있기에 각기 다른 술에 얽힌 에피소드를 나누다보면 굳이 현실 속 나를 힘겹게 하는 일이나 상사를 안주거리 삼지 않아도 흥겨운 술자리를 만들 수 있기에, 나는 우리 술을 마시는 자리에서 술의 역사와 제조법 등 다양한 이야기를 나눈다. 그런데, 우리 술에 대한 이야기를 나누다보면 막걸리와 부의주 (동동주)의 차이가 무엇이냐는 질문을 자주

받게 된다. 아무래도 오랜 시간 부담 없이 즐길 수 있는 주종임에도, 그 전래나 원료, 제조법 등을 자세히 알지 못하는데서 오는 호기심일 것으로 간단히 그 유래와 제조법을 알아보자.

막걸리란, 술이 다 익으면 체로 막 거칠게 걸러내는 술, 즉 술을 거르는 방법에서 붙여진 이름으로 맑은 동동주와는 다른 탁주(濁酒)다. 그리고 동동주라고도 불리는 부의주(浮蟻酒)는, 술이 익으면서 삭은 밥알이 동동 떠 있는 것이 마치 개미의 유충이 떠있는 것과 같다는 데서 이름 지어진 술로, 막걸리와는 달리 맑은 술인 청주(淸酒 /약주)이다. 그렇다면 많은 사람들이 우리 술, 즉 한국의 전통주를 말하면 떠올리게 되는 탁주, 막걸리, 동동주, 청주 (약주)를 나누는 기준은 무엇일까?

우리 술은 원료와 거르는 방법, 그리고 빚는 방법에 따라 종류가 달라지는데, 술이 다 익은 뒤(발효) 거르는 방법에 따라 청주와 탁주(막걸리)가 만들어

지고, 이것을 증류하면 소주가 된다.

- 발효가 끝난 술덧에 용수를 박으면 용수 가운데로 맑은 술이 고이는데, 이를 '청주'라고 한다.
- 술덧을 바로 체에 거르거나 물을 첨가하여 체에 걸려내기도 하는데, 이렇게 만들어진 술이 '탁주'로, 물을 첨가하여 거칠게 걸려낸 탁주가 우리가 잘 아는 '막걸리'다.
- 소주는 소주 고리 등의 증류 장치를 이용하여 청주나 탁주를 증류한 술로, 이를 '증류식 소주'라고 하는데, 현재 우리가 마시는 브랜드 소주는 주정에 물을 섞은 희석식 소주로 재료와 제조과정이 명백히 다르다.

탁주는 우리 술 중 가장 오랜 역사를 지닌 토속주로, 그 빛깔이 맑지 못하고 탁하다고 하여 이름 지어졌다. 감미(甘味), 산미(酸味), 신미(辛味), 고미(苦味), 삽미(澁味) 등 다양한 맛이 고루 조화된 술이며, 생효모나 비타민 B군, 필수아미노산, 단백질 등 영양적으로 풍부하고 열량이 높은 술로 알려져 있고, 알코올 도수가 낮아 마시는데 부담이 없다.
반면, 찹쌀로 빚은 부의주(동동주)는 감칠 맛과 단 맛 즉, 감미(甘味)가 뛰어나며, '톡' 쏘는 맛이 있어 한 여름 더위를 식히고 갈증을 풀어주고 입 맛을 돋우는데 제격인 술이다.

탁주는 체에 거르지 않고 그대로 빚는 것과 체에 받쳐놓고 주물러 걸러내는 것, 술지게미를 재탕하여 만드는 것 등의 세 종류로 나누어진다.

– 체에 거르지 않고 빚는 탁주는 조선시대에 많이 빚던 것으로, 이화주(梨花酒), 사절주(四節酒) 등이 있으며,
– 체에 걸러내는 것으로는 막걸리. 합주(合酒)가 있고,
– 술지게미에 물을 타서 걸러낸 것으로는 모주(母酒)가 있다.

탁주와 청주는 일반적으로 알코올 농도가 약 13–15% 이나, 시중에서 만나는 막걸리는 탁주에 물을 희석해 알코올 농도가 6–8%가 되도록 낮춘 것이다.
이처럼 청주(약주)와 탁주(막걸리)의 구별은 술을 빚는 원료(재료)에 의한 것이 아니라, 단지 술을 거르는 방법에 따라 구분되는데, 방법만 달리해도 각기 다른 맛을 보인다는 것이 기이할 따름이다

알면 알수록 부족함을 느끼고는 있으나, 우리 술을 알고 천천히 음미하기 위해 노력한 후로, 전국을 돌며 그 지역의 숨어 있는 전통주를 찾아내어 일일이 맛보며 제조 방법을 일목요연하게 정리하고 싶다는 소망을 가지고 있다. 그 동안 맛본 감홍로, 죽력고, 진도홍주, 이강주, 안동소주, 제주도 오메기술처럼 단 번에 마시는 이의 오감을 사로잡는 전통주의 맛과 향을 뛰어넘는 전통주를 발견한다면 그 또한 보람이고, 행복일 테니 말이다. 물론 그 자리의 감동을 '전통주를 사랑하는 사람들'과 함께 한다면 금상첨화(錦上添花)일 것이다.

기왕 막걸리와 동동주가 어떤 차이가 있는지, 대략 어떤 과정을 거치는지 이해했으니, 집에서 한번 빚어 보고 싶다는 생각이 들 것 같아 그 동안 집에서 빚어온 데로 그 방법을 적어본다. 청주인 부의주(동동주)로 마시기를 원하면 용수를 박아 뜨면 되고, 막걸리로 마시기를 원하면 술 체로 거르면 찹쌀 막걸리가 된다. 알코올 도수는 13-15% 정도로 취향에 따라 그대로 마셔도 되고, 물을 희석해 마셔도 좋다.

酒 부의주(동동주) 빚기

술 재료

찹쌀 4kg, 누룩 600g, 물 4L (끓인 물 또는 생수)

술 빚는 방법

찹쌀 4kg을 맑은 물이 나올 때까지 씻어 물에 담가 8-10시간 불린 후, 다시 한 번 물로 헹군 후 건져서 물기를 뺀다.

2. 시루나 찜솥을 사용하여 고두밥으로 찐다 (경우에 따라 찬물을 골고루 살수하여 뜸을 드린다.)
3. 고두밥이 익으면 펼쳐서 차게 식힌다.
4. 고두밥, 누룩(수곡)과 끓여서 식힌 물 또는 생수를 섞어 고루 버무려 술독에 담고 면보자기를 씌운 뒤, 뚜껑을 덮고 발효시킨다. (수곡을 만들 때 사용한 물 양과 끓여서 식힌 물 즉 전체 물 양은 4L)
5. 2-3일 후 술이 끓어 오르면 한 번 저어주고 차게 시킨다. (그 전이라도 술독의 온도가 섭씨 30도 까지 올라가면 술독을 즉시 차게 식힌다.)
6. 술독이 차게 식었으면 뚜껑을 덮고 서늘한 곳(17-20C)으로 옮겨 2-3 주 정도 후발효 시킨다.
7. 술이 다 익으면 밥알이 위로 떠 오르는데, 맑은 술이 보이면 용수를 박아 청주를 뜨거나, 술체로 걸러서 탁주(막걸리)로 마신다.

- 수곡: 누룩을 물 과 섞어 잘 저어 6-7시간 후 그대로 또는 걸러서 사용한다.
- 용수: 술을 거르는데 사용하는 싸리나 대오리로 둥글게 만든 긴 통.

생맥주와 생막걸리는 어떻게 다른가?

생맥주와 생막걸리의 차이가 무엇인지 궁금하다면, 먼저 생맥주와 병맥주, 캔맥주의 다른점과, 생막걸리와 병막걸리, 캔막걸리와의 차이점을 알아야 한다.

맥주는 유럽의 전통주로서, 원래는 맥아(malt), 물(water), 효모(yeast), 호프(hop)의 네 가지만을 원료로 하여 만들어 왔으나, 대부분의 나라에서 맥주의 품질 향상과 원료 및 제조 공정의 비용 절감을 위하여 맥아 외에 각종 전분질 원료인 백미, 밀, 감자 등을 사용하여 양조하고 있다.
원래 맥주라 하면 생맥주를 일컫는 것으로, 생맥주의 의미는 'Draught beer'(Draft beer) 즉, 통에 붓는다"는 것으로, 통속에 효모가 살아 남아 있는 맥주를 지칭한다. 하지만 시간이 지남에 따라 보관과 사용의 편의는 물론 맛의 다양화를 위해 여러 용기에 맥주를 담게 되었다.

생맥주와 병맥주, 캔맥주와는 열처리의 여부에 따라 달라진다.
열처리를 하지 않은 생맥주는 효모가 살아 남아 계속 발효 중이기에 맛과 향은 물론 청량감이 그대로 살아 있다는 것이 장점이나, 살균을 하지 않았으므

로 저장과 유통 과정에서 철저한 관리가 필요하다. 이에 비해 발효, 숙성, 여과 과정을 거친 뒤 용기에 채워 약 섭씨 60도의 온수를 끼얹어 열처리하여 효모의 작용을 정지시킨 병맥주와 캔맥주는 장기간 보관 가능한 장점이 있다.

생맥주는 앞서 언급한 바와 같이 열처리를 가하지 않으므로, 온도와 보관 장소에 따라 차이가 있으나 일반적으로 하루에서 사흘까지는 신선한 맛과 청량감을 보존 할 수 있다고 알려져 있다. 하지만, 제조기술의 발전 덕분에 병이나 캔 등 용기에 담긴 생맥주가 판매되기도 하고, 열처리와 여과 방법의 발달에 따라 저장맥주의 풍미도 생맥주에 가까워지면서 소비자들은 더욱 다양한 선택지를 갖게 되었다.

그렇다면, 우리의 생막걸리는 병막걸리, 캔막걸리와 어떤 차이가 있을까? 우리의 전통 탁주 중 하나인 막걸리는 다양한 곡물(멥쌀, 찹쌀, 보리, 밀, 옥수수 등)과 누룩(곡자), 물 세가지 원료로 빚어져 왔으나, 최근에는 품질의 표준화와 제조비용의 절감을 이유로 곡물 대신 값싼 전분질 원료를 수입하여 사용하거나 전통 누룩 대신 개량 누룩, 입국(일본식 누룩) 등을 발효제로 사용하기도 하는데 이는 맥주의 상품화 과정, 유통 과정과 크게 다르지 않다.
또한 맥주와 마찬가지로 생막걸리도 효모가 함유되어 있으므로 제조의 마지막 공정에서 열처리를 하여 효모의 발효 작용을 멈추게 하느냐에 따라 생막걸리와 병막걸리, 캔막걸리로 구별한다.

생막걸리도 효모가 지속적으로 발효되면서 맛이 변질되기 때문에 유효기간이 일주일도 되지 않는 까닭으로, 생산 초기에는 각 지역에서 생산된 막걸리를 신선한 유통이 가능한 한정된 지역 내에서만 소비되었으나, 공정 마지막에 열처리를 가한 소위 살균막걸리가 제조되면서 유통망의 한계를 벗고 타 지역까지 공급, 소비할 수 있게 되었다. 막걸리 제조기술의 발전은 물론 생산과정

에서 유통과정까지 체계적인 관리가 이루어지면서 열흘에서 한 달까지도 보존이 가능하게 되면서 전국 어디서나 여러 지역에서 생산한 다양한 생막걸리의 맛과 풍미를 즐길 수 있게 된 것이다.

맥주의 나라라고 불리는 독일인들이 자국 맥주에 자부심을 갖는 이유는 "맥주순수령(Rheinheitsgebot)" 때문인데, 1516년 바이에른 주에서 처음 시작된 것으로 "맥주는 호프(hop), 맥아(malt), 물(water)로만 양조해야하며, 다른 첨가물이 가미되어서는 안 된다"는 규정이 그것이다.

"맥주는 맥주 공장 굴뚝의 그림자가 비치는 범위 내에서 마셔야 하는 것"이라는 독일의 속담에서 볼 수 있듯이, 맛과 향 그리고 청량감 넘치는 맥주를 즐기려면 신선한 맥주의 공급원에 가까이 있어야 한다는 것으로, 독일에는 아직도 각 지역의 고유한 맛과 향을 지닌 맥주 공장(beer brewery)이 있어, 바로 생산되어 나오는 생맥주를 파는 곳에 맥주 매니어들이 1000cc 맥주잔을 들고 기다리는 모습을 볼 수있다. 그 중에서도 바이에른 주 뮌헨에 있는 호프브로이(Hof Breuhaus)는 1589년 빌헬름 5세에 의해 설립된 맥주 양조장으로, 지금까지도 하루에 10000리터의 맥주를 생산, 판매하고 있다.

이는 마치, 예전 각 고을마다 탁주(막걸리)양조장이 있어 서민들이 양조장에서 막 걸러 나온 신선한 막걸리를 마시거나, 주막에서 주모가 직접 거른 막걸리를 옹기 항아리에 표주박을 엎어 사발과 함께 주안상을 차려오면 주객들이 평상에 걸터 앉아 한 사발의 막걸리로 목을 축이고, 농촌에서는 집집마다 막걸리(농주)를 빚어 농사철에 농부들이 갈증과 허기를 달래주는 식음료로 사용했던 모습과 비슷하다.

아버지가 받아오라던 막 걸러낸 술을 받으러 갔던 아이들이 집으로 가는 길에 호기심으로 조금씩 훔쳐 마시거나 술을 거르고 남은 술지게미에 설탕이나 꿀을 넣어 먹다가 취해 버려 웃음거리가 되었던 추억들도 각 지역마다 있었던 양조장과 얽힌 그 시절만의 이야기가 아닐까?

위에서 살펴본 대로, 생맥주와 생막걸리는 비록 생산 지역과 주재료 등 그 역사가 다르기는 하지만, 두 가지 모두 살아 있는 효모가 존재하기 때문에, 생산 되자 마자 바로 마실 때 신선하고 청량감 있는 독특한 맛과 향을 지니고 있음이 장점과 유통기한이 짧다는 공통점이 있다.

우리나라 사람들은 원조 족발, 원조 설렁탕처럼 음식에 원조라는 단어가 붙어 있을 때 그 음식을 더 인정 해 주고 찾는 성향이 있는데, 이는 원조 맛이라면 옛 맛 그대로 어떠한 다른 첨가물(조미료 등)이 들어가지 않은 것이라는 믿음에 기인한다.
그러한 의미에서 본다면, 우리가 각 지역의 맛 집이나 전통 음식을 찾고, 개발하는 노력의 일환으로 쌀, 옥수수, 조, 보리,밀 등 각 지역에서 주로 생산되는 곡물과 그 지역만의 기후나 특징을 지닌 전통 누룩, 그리고 물 이 세 가지만을 사용하여 만들어낸, 그 지역에 가야만 맛볼 수 있는 막 걸러낸 원조 막걸리를 찾아 내고 개발하여 효모가 살아있는 고유의 신선한 맛과 향, 그리고 그에 담긴 이야기를 듣고 즐길 수 있다면 그 또한 의미 있는 일이지 않을까 한다.

친구도 술도 세월이 더해질수록 깊은 맛이 난다

친구와 술의 공통점은 세월이 더해갈수록 그 맛이 깊어진다는 것이다. 신선한 새로운 친구와 상큼한 맛을 내는 갓 무친 겉절이, 그리고 방금 떠낸 부의주(동동주)에 비해, 굳이 말하지 않아도 서로를 알게 되는 오랜 친구와 묵은지, 이양주와 삼양주는 그 맛이 깊고 그윽한 멋이 있으니 말이다.

탁주, 청주(약주), 소주(증류식소주) 세 종류로 분류되는 우리 술은 빚는 방법에 따라 맛, 향이 다른 종류의 술이 탄생되는데, 빚는 횟수에 따라서도 한 번 빚는 단양주, 두 번 빚는 이양주, 세 번 빚는 삼양주등으로 구분 된다. 특히, 두 번 이상 여러 번에 걸쳐 빚는 술을 중양주(重釀酒)라고 하는데, 아무래도 단양주 보다는 중양주인 이양주나 삼양주가 술을 여러 번에 걸쳐 빚은 까닭으로 술맛이 더 깊고 부드러우며 향도 좋고 알코올 도수 또한 높다. 아마도 술 빚

青

는 횟수가 거듭 될수록 고급술이라고 여겨도 무리는 없을 것이다.

발효의 마술, 단양주(單釀酒)

쌀이나 찹쌀, 좁쌀, 보리 등을 주재료로 하여, 고두밥, 백설기, 구멍떡, 혹은 죽 형태로 쪄서 적당량의 물과 누룩을 넣고 버무려 항아리에 담아 두면 발효가 일어나 7일에서 10일이 지나야 술을 얻을 수 있는데, 이렇게 한 번 빚어 얻는 술을 '단양주'라고 한다.

곡물, 물, 누룩의 단순한 조합이 발효라는 과정을 거쳐 곡물, 물, 누룩의 흔적

다 하여 탁주, 탁배기라 불리기도 하고, 막거른 술이라 하여 막걸리, 빛깔이 희다 하여 백주(白酒), 집집마다 담그는 술이라 하여 가주(家酒), 제사상에 올린다하여 제주(祭酒), 백성들이 제일 즐겨 마신다고 하여 향주(鄕酒), 나라를 대표한다고 하여 국주(國酒), 농가에서 새참 등에 필수로 챙긴 술이라 하여 농주(農酒) 혹은 사주(事酒). 쌀과 누룩 그리고 물의 3 요소로 빚었다 하여 삼도주(三道酒) 등 여러 가지 이유 만큼이나 여러 가지 이름을 자랑한다.

고두밥(멥쌀, 찹쌀)에 물과 누룩을 섞어 발효시킨 후 오지그릇 위에 정(井)자 모양의 거르개를 걸고 술 체나 술 자루로 막 걸러서 탁하고 뿌연 빛깔에 텁텁한 맛이 돌게 만들었던 투박한 술인 탁주는 청주나 소주보다 훨씬 이전에 만들어진 술임을 다수의 기록을 통해 확인 할 수 있다.
〈삼국사기〉,〈삼국유사〉에 좋은 술을 뜻하는 미온, 지주 등의 말이 나오고, 막걸리나 단술을 가리키는 요례라는 말이 나오는 것을 미루어 보면 삼국 시대에 이미 탁주가 빚어졌음이 확인된다.
고려시대 문헌에는 탁주라는 말이 자주 나오는데, 〈고려도경〉에 "서민들은 맛이 나쁘고 빛깔이 짙은 술을 마신다"는 기록이 있는 것으로 보아 당시 이미 탁주가 서민주로 자리 잡았음을 알 수 있다.
조선 시대에도 많은 사람들이 탁주를 즐겨 마셨다. 그러나 1965년부터 만성적인 식량부족상태로 인하여 쌀을 원료로 하던 탁주가 금지되자 사람들은 밀가루, 옥수수, 보리 등을 이용해 탁주를 빚게 됐다.

탁주는 술을 빚는 재료에 의한 것이 아니라 단지 술을 거르는 것에 의해 청주와 구분되는데, 체에 거르지 않고 그대로 빚는 것과 체에 받쳐놓고 주물러 걸러내는 것, 술지게미를 재탕하여 만드는 것 등 세 종류로 나뉜다.
체에 거르지 않고 빚는 탁주는 이화주, 사절주 등이 있는데, 탁주의 알코올 농도는 보통 13-15%에 이른다. 흔히 막걸리라고 불리는 판매용 탁주는 여러 감미료를 첨가하고, 알코올농도가 6-8%가 되어 쉽게 마실 수 있도록 물로 희석하여 조절한 것이다.

酒 탁주와 막걸리는 같은 술인가?

우리는 흔히 탁주와 막걸리를 동의어로 사용하나, 이는 구분되어야 한다. 특히, 탁주와 막걸리는 제조 과정이 서로 다른데, 술의 발효가 끝난 술 그대로도 탁주이고, 맑은 층과 지게미 층으로 분리된 후 용수를 밀어 넣어 청주를 뜨고 남은 술찌게미를 거른 술도 탁주이며, 탁주를 걸러 물을 타 알코올 도수를 낮춘 술이 막걸리이다. 따라서 탁주는 막걸리보다 광범위한 개념으로, 탁주 속에 막걸리가 포함된다고 할 수 있다.
하지만, 요즘 시중에서 팔리는 탁주는 체에 거르던 예전 막걸리가 아니다. 예전에는 술독에서 청주를 떠낸 뒤, 그 밑에 지게미와 함께 남은 술을 체에 걸러 막걸리를 만들었지만, 요즘은 청주를 따로 떠내지 않고 빚은 술 전체를 거칠게 걸러낸 뒤 물을 섞어 도수를 맞춘 다음 상품화 하는 것이다.

귀하고 좋은 맑은 술 청주(淸酒, 약주藥酒)

청주(약주)는 술밑을 여과하여 만든 맑은 술을 일컫는데, 이러한 청주가 약주로 불리게 된 데에는 몇 가지 설이 있다. 그 중 하나는 조선 시대에 가뭄으로 먹을 곡식이 부족해지자 여러 번 금주령을 내렸는데 일부 특권 계층이 금주령을 어기고 술을 마시기 위해 '약으로서 술을 마신다' 는 핑계를 대고 청주를 마신 뒤 약주로 불리웠다는 것인데, 그 후로 특권계층이 마시는 술이기에 약주는 귀한 고급 술을 의미하는 것이라 인식되었다. 또 다른 설은, 선조 때 약현(藥峴:지금의 서울 죽림동)에서 살던 문신 서성(호는 약봉藥峰) 의 집에서 빚는 술이 무척 좋다고 알려져 약주라 불리웠다는 것이다.

두 가지 이야기 중 어떤 것이 정설이든 청주(약주) 가 귀하고 좋은 성분, 맛과 향의 엑기스만을 정성들여 맑게 여과한 좋은 술이자 귀한 이에게 접대할 수 있는 고급술 이라는 점은 변하지 않는다.
하지만, 한양(지금의 서울)을 중심으로 전 지역의 특권 계층 가문에서 여러 가지 재료와 방식으로 주로 빚어지던 청주는 우리 나라의 전통주가 모두 그러했듯이 일제시대에 들어서면서 그 맥이 끊기게 된다. 그 이후부터는 지금도 판매되고 있는 일본식 누룩인 입국 또는 개량 누룩으로 제조한 청주나 약주류를 우리 전통 청주(약주)로 오인하는 이들이 많다. 가문마다 저마다의 역사를 담아 귀히 여겨왔던 각 지역, 여러 가문의 청주(약주)를 복원하기 앞서 우리의 전통 청주(약주)가 무엇인지부터 알려야 겠다고 마음 먹은 까닭이 여기에 있다.
물론, 시판되고 있는 청주 역시 주세법에서 정한 국(麴) 개량누룩, 효모 그리고 감미료와 첨가제 등을 사용하여 청주를 만드는 것은 제품의 대량생산과 품질관리 면에서 유리하고, 맛과 향에서도 나름대로의 특징이 있으며, 그 때문에 차례나 제사용으로 널리 사랑 받는 제품들도 있으니 잘못된 것이라 비판할 생각은 없다. 다만, 우리 고유의 전통 누룩과 우리 고유 양조법으로 빚어온 전통 청주와 현재 주세법에 의해 만든 청주는 명확히 다른 것인 만큼 그 차별성을 이해하고, 선택받아야만 한다. 시판되는 청주가 우리의 전통 청주로 알고 구입하는 것과 우리의 전통주는 아니지만 여러 가지 이유로 구입하는 것은 다르기 때문이다. 원재료와 전통 방식을 고수해 빚어낸 우리 청주를 지키고 사랑해 왔던 이들에게도 진짜 우리 것을 선택 할 권리가 주어지기를 간절히 바래본다.

酒 우리가 청주하면 떠올리는 정종, 백화수복

많은 사람들이 '사케'='정종' '청주'='정종'이라고 알고 있으며, '정종'하면 '백화수복'이나 '청하'를 떠올린다. 하지만 '백화수복', '청하'는 우리의 전통 청주가 아니다. 즉, 우리의 전통 양조방법인 쌀, 전통누룩(곡자), 물 세가지 원료만으로 빚은 전통주가 아니라는 것이다. '백화수복'이나 '청하'는 쌀, 주정, 액상과당, 종국, 효모 등을 사용하여 일본식 청주 제조 방법과 유사하게 만든 술이다.
일본에서는 술을 총칭해서 '사케'라고 하는데 '정종'은 '사케' 브랜드 중의 하나일 뿐이다. 그러므로 우리가 '청주'를 '정종'이라고 부르는 것은, 마치 우리가 조미료(MSG)를 '미원' 또는 '다시다' 소주를 '참이슬', '처음처럼'이라고 부르는 것과 같은 것이다.
아무튼 전통주를 공부하는 사람으로, 우리가 청주하면 떠올리는 정종은 우리 전통주인 청주(약주)와는 아무 관계도 없는 술임을 다시 한 번 강조하고 싶다.

소주(燒酒, 증류식소주)

'소주'는 곡류를 발효시켜 만든 발효주를 증류해 만든 무색의 맑은 술이다. 발효가 끝난 술덧(탁주, 청주)을 소주고리라고 하는 단식 증류기로 증류한 후 숙성을 거쳐 만드는데, 지방에 따라 조금씩 다르긴 하나, 일반적으로 누룩은 밀기울로 만든 조국을 사용하고, 곡류는 남부지방은 주로 쌀(멥쌀, 찹쌀)을, 북부지방은 보리나 조, 옥수수 등의 잡곡을 이용하였다.

소주는 이슬처럼 받아내는 술이라 하여 '노주(露酒)'라고도 하고, '화주(火酒)' 또는 '한주(汗酒)', '기주(氣酒)', '백주(白酒)'라고도 한다. 단식 증류기로 증류하여 알코올 성분이외에 향미 성분이 많고 원료에 따라 독특한 향을 갖는다.

안동소주, 개성소주, 제주소주가 우리나라 전통 3대 소주인 이유는?

소주를 평안도지방에서는 아랑주, 개성지방에서는 '아락주' 라고 하는데, 이는 소주를 라비아어로 '아락(arag)'이라 하고, 원나라에서는 '아라키(阿喇吉酒)' 만주어로는 '알키'라고 한 데서 유래한다. 소주 제조법 역시 중세기 페르시아에서 발달한 술의 증류법이 아라비아에서 원나라, 만주를 거쳐 고려 충렬왕 때 몽고군을 통해서 전해졌다. 몽고군의 주둔지였던 안동, 개성, 제주도는 특히 소주의 제조법이 발달하게 되었으며 개성의 아락주, 안동의 안동소주, 제주도의 고소리 술은 3대 명주로 알려져 있다.

우리 술의 분류

쌀, 누룩, 물

발효 숙성 ⟶

체 ↗

용수 ⟶

↘ 소주고리

탁주(濁酒) 막걸리

청주(淸酒) 약주(藥酒)

증류식 소주

양조주 : 곡식이나 과일을 발효시켜 빚은 술

증류주 : 양조주를 증류하여 만든 도수가 높은 술

혼성주(기타주류) : 양조주와 증류주를 혼합. 증류주에 과일, 약재 등을 첨가한 술

'정종'을 우리 술 청주로 알고 마시는 대한 민국

갓 괴여 닉은 술을 갈건으로 밧타 노코, 곳나무 가지 것거 수 노코 먹으리라
화풍이 건듯 부러 녹수를 건너오니, 청향은 잔에 지고 낙홍은 옷새 진다.
〈상춘곡〉

막 익은 술을 걸러 꽃나무 가지를 꺾은 뒤, 잔 수를 세어가며 술을 마시는 선조들의 모습! 정극인의 시조를 빌어 볼 수 있는 그들이 술을 즐기는 모습은 한가로운 기운이 들지만 결코 가볍거나 저속하지 않다. 이처럼 술 한 잔을 기울이며 예술을 즐기고, 시론을 펼쳤던 선조들이 즐긴 술이 있는데 그것이 바로 '청주'이다.

때로 머리가 복잡하고 여러 가지 감정에 얽혀 버거울 때 우리네 선조들이 그러했던 것처럼 한 잔에 설움과 한 잔에 시를 넘길 수 있는 전통 청주는 아직 우리 곁에 남아 있는 것일까? 어디에 가야 그 멋과 맛을 즐길 수 있을까? 안타

깝게도 이 질문을 듣는 대부분의 이들은 너무나 쉽게 정종을 마시면 되지 않느냐 되물을 것이다. 우리 전통 청주가 아닌 일본식 청주인 것을 모르고 말이다. 하긴, 그렇게 알고 있는 것이 누구를 탓할 일은 아니지 않는가! 그저 우리 술, 우리 청주가 널리 보급되고 알려지지 못한 것이 아쉬운 것 뿐. 일본식 청주가 들어온 것은 부산에 최초로 청주 공장이 세워진 일제시대로, 이곳에서 생산된 일본식 청주의 브랜드가 정종이었고, 이것이 대중화되면 서 '정종=우리나라의 청주', '정종=사케'라는 전통 청주의 개념을 정리하는데 혼란을 가져왔던 것이다.

그렇다면 우리 전통 청주와 일본식 청주의 차이는 무엇일까?

첫째, 우리 전통 청주는 멥쌀을 주원료로 하면서도, 전분을 함유하고 있는 찹쌀, 밀 등 다양한 곡류를 원료로 이용하지만 일본 청주는 쌀만을 주원료로

정받은 것임에 이견을 제기할 이는 없을 것이다. 육당 최남선 선생이 조선 3대 명주 중 으뜸으로 꼽은 이강주는 조미 수호 통상 조약 (1882년, 고종 19년) 체결 당시 국가를 대표하는 술로 사용한 기록이 남아 있을 만큼 오래 전부터 그 맛과 향의 품격을 널리 인정받았다.

이강주라는 술의 이름에서 보여지 듯, 양조 과정에 배와 생강, 울금, 계피, 꿀이 첨가되는데, 조선 중엽부터 상류 사회에서 즐겨 마셨던 고급 약소주이다. 특히, 술을 마실 때, 첫 잔에는 배, 두 번째 잔에는 생강, 세 번째 잔에는 계피, 마지막 잔에는 꿀맛을 느낄 수 있다고 할 만큼 여러 가지 맛과 향을 동시에 누릴 수 있는 매력적인 술이다.

이강주는 전주에서 시작되었다고 보는데, 구한말 태조 이성계와 동고동락하

였던 조선의 개국 공신 조인옥의 후손이 구한말 완산(지금의 전주)지역 부사로 부임해 가문의 약소주로 빚었던 까닭이다. 혹자는 주재료 중 하나인 울금의 진상지인 전주와 배로 유명한 황해도 봉산의 지역 전통주라고도 하는데 현재는 1987년 4월, 조정형 명인이 전북 무형문화재 6호로 지정되면서 향토 민속주가 되어 명성을 더욱 빛내고 있다.

조정형 명인은 "남자가 술을 빚으면 안된다"는 어르신들의 거센 반대에도 불구하고, 가문에 전통적으로 내려오던 제조법을 연구, 재현하여 이강주를 부활해 내었다. 그와 같은 명인들이 전통주를 부활하기 위해 전심전력을 다하였으니, 우리는 다시 우리 곁으로 온 전통주를 제대로 알고, 알리기 위해 노력해야 하지 않을까 하는 것이 필자의 생각이다.

酒 이강주 기능보유자의 이강주 빚는법

1. 백미 5.3kg, 누룩 2kg, 물 8L를 깨끗한 항아리에 넣어 밑술을 잡는다.
2. 3 일 후 덧술을 하는데 보리쌀 10.6kg, 누룩 1.5kg, 물 16L를 밑술과 합하여 덧술을 한다. 덧술을 한지 4일이 지나면 숙성되는데 이때의 주도는 15도 약주이다.
3. 숙성된 약주를 가지고 소주를 내리는데 소주고리에서 소주를 내리게 되며 그 방법은 한 솥에 숙성 약주 1말을 넣고 4회 물가리를 하면서 35도 소주를 받는다.
4. 이 토종소주 18L(한 말)에 배 5개, 생강 20g, 울금 7.5g, 계피 3.75g을 넣고 꿀을 가미하여 이강주 를 만든다.
5. 주도가 높아 오래 두어도 안전하며 오래 갈수록 맛과 향이 좋아 진다.

달고 붉고 이슬처럼 맑은 술 감홍로(甘紅露)

감홍로는 춘향전을 비롯한 우리 고전에 자주 등장하는 민속주로 이규경이 〈오주연문장전삼고〉라는 저서에서 '냉면''골동반'과 함께 '감홍로'를 평양의 3대 명물로 칭했을 만큼 알려진 명주이기도 하다.

술 빚는 과정에 약초인 지치 (지초)를 넣어 붉은 빛을 우려내어 붉고 영롱한 빛깔이 특징인 감홍로는 빛깔 만큼이나 그 맛 역시 달콤하고 강렬하다. 모든 음식이 그러하듯 술도 눈으로 보고, 코로 향을 맡고, 입으로 머금어 목으로 넘기면서 느끼는 여러 단계의 맛을 지녔는데 감홍로는 그 모든 과정을 만족시켜주는 술이라 할 수 있다. 〈임원십육지〉라는 책에 감홍로의 맛은 '세 번 고아낸 소주를 이용하여 빚은 만큼 맛이 매우 달고 맹렬하며, 술 빛깔이 연지와 같아 홍로주 가운데서도 으뜸이다'라고 기술되어 있는데 감홍로의 풍미를 가장 잘 표현한 글이 아닐까 한다.

감홍로를 빚는 과정에는 각종 약재가 첨가되기도 하는데 사용되는 약재에 따라 다양한 맛과 효능이 술을 마시는 이에게 전해지므로 응급한 상황에는 약으로 사용하기도 했다고 전한다. 실제로 궁중에서 약을 끓일 시간이 부족할 만큼 응급한 상황에는 감홍로를 처방하기도 했다는데, 본디 대다수의 술이 체온은 높이되 내장기관은 냉하게 만들지만 감홍로의 경우는 양조 과정에 첨가된 약재들이 내장 기관을 따스하게 만들어 막혀있던 기와 혈을 뚫어 준다고 알려졌기 때문이다.

그렇다면, 무슨 이유로 감홍로에 지치(지초)라 불리는 한약재를 사용한 것일까? 그것은 예전 대다수의 가정에서는 지치를 가정 상비약으로 구비하고 있었기 때문으로, 지치는 열을 내려 주는 효과가 있어 아기가 있는 집에서 불시에 고

열이 나면 참기름을 뜨겁게 데운 후 지초를 넣어 빨갛게 될 때 해열제로 사용하였으며, 각종 피부병에도 효과를 보이는 약재였기에 속옷이나 관복의 염색에 사용되기도 하였다. 감홍로와 같이 우리 전통주는 주변에서 쉽게 구할 수 있는 약초를 사용해 약주를 빚어낸 것인 만큼 선조들의 지혜에 새삼 감탄하게 됨과 동시에 이처럼 맛과 향은 물론 우리 몸에 약이 되어주는 귀한 명주들을 접하기 어려워 졌다는 생각을 하면 무척이나 안타깝다. 그나마, 평양 삼대 명물로 평양(관서)지방을 중심으로 만들어지던 술인 감홍로를 평양에서 양조장을 하다 6.25전쟁 때 월남한 故 포암(浦巖) 이경찬 선생(1986년 87-가호 무형문화재)께서 재현 하신 후 막내딸 이원(利園) 이기숙 선생이 (2012년 명인 43호 지정) 그 명맥을 이어온 덕분에 지금도 감홍로의 붉은 빛과 달콤한 맛을 느낄 수 있음이 얼마나 다행인지 모른다.

감홍로 빚는 법

재료

쌀, 조, 지치(지초), 용안육, 정향, 진피, 방풍, 계피, 생강, 감초

빚기

누룩과 멥쌀 고두밥으로 빚어 두 번에 걸쳐 증류한 뒤에 벌꿀을 넣어 단맛을 내고, 지치(지초)를 넣어 착색시킨다.

이후 장에 좋다는 용안육, 정기를 북돋아준다는 정향, 비타민이 풍부한 진피, 풍을 막아준다는 방풍, 그리고 향긋한 계피, 활달한 생강, 달콤한 감초 등 8가지 약재를 넣어 침출시켜 빚는다. 갖은 약재가 어우러진 감홍로는 독성 성분이 적은 술이다.

대나무의 기운을 한껏 머금은 죽력고(竹瀝膏)

죽력고가 명성을 얻게 된 것은 녹두장군 전봉준에 관한 이야기가 회자되면

서 부터이다. 조선 말기 황현(黃玹, 1855~1910)이 쓴 〈오하기문〉에 '전봉준이 관원에게 잡혀 모진 고문을 당해 만신창이가 되었다는 소식을 들은 지역 주민들이 죽력고를 가져다 마시게 했는데, 세 잔을 마시자 몸이 나아 수레 위에 꼿꼿하게 앉은 채로 서울로 압송되었다.' 는 내용이 있다.

위에 일화에서 볼 수 있듯이 죽력고 역시 단순한 술이기 전에, 약성이 강한 약주다. 1766년 유중림의 〈증보산림경제〉, 1827년에 서유구의 〈임원십육지〉에도 "대나무가 많은 전라도 지방에서 빚어진 고급 소주로, 중풍으로 몸이 마비될 때 약으로도 썼다"는 기록이 남아 있다.

이름조차 예사롭지 않은 죽력고! '죽력'이란, 푸른 대나무를 쪼개 항아리에 넣고 열을 가해 얻어진 대나무 기름을 뜻하며, '죽즙'이라고도 하며, 죽력에 꿀,

생강 등을 넣어 증류한 술이 바로 죽력고이다.

죽력고는 "오미가 조화를 잘 이루며 꿀과 생강에서 나는 부드러운 향과 맛이 코와 입을 자극한다."는 애주가들의 평에서 알수있듯 시원한 대나무의 향과 부드러운 맛이 일품이며, 고도주를 선호하는 현대인들의 취향에도 부합하는 민속주로 전라북도 무형문화재 6-3호인 송명섭 명인에 의해 복원되어 이어지고 있다.

酒 죽력고 빚는 법

재료 쌀, 누룩, 대나무기름, 꿀, 생강즙, 대잎, 솔잎, 석창포, 계심 등

빚기

죽력 만들기

청죽을 여러 조각으로 쪼갠 후 항아리 안에 차곡차곡 채운다.

같은 크기의 항아리를 엎어서 올린후, 마주 한 항아리의 입구를 젖은 한지로 메우고 황토를 개서 항아리 몸 전체를 발라준다.

땅바닥에 콩대를 깔고 황토 바른 항아리를 올린 다음, 그 주변에도 쌓아 올린 후 불을 붙여 불기운이 항아리를 덥히도록 한 후에 왕겨로 두텁게 항아리를 완전히 덮어준다. 일정한 온도로 항아리가 덥혀지면서, 3~5일 간 밑에 받쳐 둔 항아리 안으로 대나무의 수액(죽력)을 받아낸다.

죽력고 빚기

멥쌀과 누룩으로 빚은 술을 소줏고리에 앉히는데, 이때 솔잎과 죽엽, 생강, 계심, 석창포등의 약재를 먼저 만들어 둔 죽력에 흠씬 적셔서, 소줏고리 몸 안의 빈 공간에 가득 채운 다음, 술이 끓고 있는 솥 위에 앉혀 죽력고를 얻는다.

우리 술은 어디에 있는가?

우리의 술, 즉 전통주의 사전적 의미는 '한 나라나 지역 등에서 전통적으로 내려오는 양조법으로 만든 그 나라, 그 지역의 '고유한 술'이고, 주세법적으로는 '무형 문화재' 와 '전통 식품 명인', '제주도 개발 특별법'에 의한 주류, 그리고 '관광 토속주'라고 정의 된다. 다시 말하면, 국가에서 지정한 '무형 문화재' 혹은 '전통 식품 명인'이 제조한 술과 농림수산식품부에서 추천받은 '지역 특산주를 통틀어 전통주라 일컫는 것이다.

전통주는 해당 지역의 기후와 풍토에 맞추어 재배되는 곡류나 과실 등을 이용하여 그들만의 전통적인 양조법으로 빚은 술이므로 맛이나 향으로 그 지역의 특성을 표현하게 된다. 이미 세계적으로 널리 알려져 있는 스코트랜드의 스카

히푸르고
이로구름
저건너서
해마다돌
밤나무아
당신이즐

치 위스키, 프랑스의 레드와인과 브랜디(꼬냑), 독일의 맥주, 체코의 맥주, 러시아의 보드카, 멕시코의 데킬라, 중국의 백주(고량주)와 마오타이 그리고 일본의 사케 역시 전통주로서 술의 맛과 향, 주원료나 도수를 보면 왜 이 술이 각국을 대표하게 되었는지 짐작할 수 있음과 같은 이치다.

우리 술에 대해 연구하고 우리 술을 널리 알리기 위해 노력하고 있는 나에게 이즈음에서 드는 의문이 있다. 과연 우리 나라를 대표하는 술이라 고개를 끄덕일만한 전통주는 '어떤 술'이며, '어떤 맛과 향'을 갖고 있을까? 또, '언제부터' 있었으며, 어떻게' 발전하여 왔을까,'우리의 술 문화'는 어떤 것이고, 우리는 이에 대해 제대로 알고 있는 것일까? 여러 차례 언급하지만, 우리 국민 대부분은 전통주가 무엇이라 생각하느냐는 질문에 흔히 접하는 '막걸리, 동동주, 희석식 소주'가 고유의 전통 방식으로 빚은 우리의 술이라고 답한다. 이것이 정답인지, 아닌지는 어떻게 빚는 것이 전통주인지 알게 되면 쉽게 알 수 있다.

'우리 전통주'은 우리나라에서 재배한 쌀을 비롯한 '곡물류'를 주원료로 하며 '물'과 '전통누룩(곡자)' 이 세 가지 원료만을 섞어서, 어떠한 인공 감미료나 식품 첨가물을 사용하지 않고서 만든 술이어야 한다. 또한 우리 술은 '항아리 속에서 발효, 숙성'시키는 고유한 양조방법을 보이는데, 고유의 맛과 향을 지니고 있는 양조곡주인 '탁주'. '청주' 그리고 이 양조 곡주를 증류시킨 '증류식소주'가 이와 같은 과정을 거쳐 만들어 진다.

우리 술이 무엇을 재료로, 어떻게 빚어야 하는 것인지 알았다면 이를 기준으로 현재 우리가 즐겨 마시는 '막걸리'와 '소주'가 우리 술의 전제 조건에 부합하는지 살펴보자. 결론부터 말하면, 현재 시중에서 판매되는 막걸리(탁주),약주, 청주, 그리고 희석식 소주 중 우리 전래의 양조법으로 빚은 것은 극히 일부에 지나지 않는다. 우리 쌀, 우리 전통 누룩, 그리고 우리 물 세 가지

만을 이용해 빚어야 하는 것이 우리 술의 기본 전제 임에도 시중에서 판매되는 각종 막걸리, 동동주들은 곡류(쌀, 밀가루 등), 국(입국, 개량누룩), 물 외에 주세법에서 허가한 각종 첨가물을 이용하여 빚은 술이기 때문이다. 또한, 희석식소주 역시 값싼 수입 타피오카 등을 이용하여 제조한 주정(85-95% 에탄올)을 17-25%로 희석하고 각종 감미료와 첨가물을 섞어 만들었으며, 청주류와 약주류들은 대부분 일본식 누룩인 국(입국, 개량누룩)을 사용하여 빚은 술이다.

과연 이를 우리의 전통주라고 할 수 있을까? 이 질문에 대해 자신감 있게 답할 수 있을지는 순수한 우리의 것을 제대로 알고, 지켜야 할 책임과 의무가 있는 우리 모두의 '몫'이다.

酒 '민속주' 관련 주세법 규정(전통주의 정의)

가. 전통 문화의 전수·보전에 필요하다고 인정하여 문화재 보호법에 따라 농림수산식품부장관, 문화재청장, 또는 특별시장, 광역시장, 도지사, 특별자치도지사가 추천한 주류(특별시, 광역시, 도, 특별자치도 지정문화재에 한한다.)

나. 식품산업진흥법 제14조에 따라 농림수산식품부장관이 주류부분의 전통식품 명인으로 지정하고 국세청장에게 추천한 주류

다. 제주도개발특별법에 따라 1999. 2. 5 이전에 제주도 지사가 국세청장과 협의하여 제조 면허한 주류

라. 관광 진흥을 위하여 1991. 6. 30 이전에 건설교통부장관이 추천하여 주류심의회 심의를 거쳐 면허한 주류

酒 지역특산주

농림수산식품부 장관이 추천하는 농어업경영체 또는 생산자단체가 직접 생산하거나 제조장 소재지 관할 시·군·구(자치구를 말한다) 및 그 인접 시·군·구

에서 생산한 농산물을 주원료로 제조하는 주류를 말한다.

酒 주류의 종류

현행 주세법에서는 크게 주정, 발효주류, 증류주류, 기타주류 4가지 유형으로 구분한다. (주세법 중 주정, 발효주류 중 탁주, 약주, 청주, 그리고 증류주류 중 증류식 소주와 희석식 소주만 기재)

1. 주정

가. 녹말 또는 당분이 포함된 재료를 발효시켜 알코올 성분 85도 이상으로 증류한 것.

나. 알코올 성분이 포함된 재료를 알코올 성분 85도 이상으로 증류한 것.

2.발효주류 : 탁주, 약주, 청주, 맥주, 과실주

가. 탁주

1) 녹말이 포함된 재료(발아시킨 곡류는 제외)와 국(麴) 및 물을 원료로 하여 발효시킨 술덧을 여과하지 않고 혼탁하게 제성한 것.

2) 1)에 따른 주류의 원료에 당분을 첨가하여 발효시킨 술덧을 여과하지 않고 혼탁하게 제성 한 것.

3) 1) 또는 2)에 따른 주류의 원료에 과실·채소류를 첨가하여 발효시킨 술덧을 여과하지 않고 혼탁하게 제성한 것.

4) 1)부터 3)까지의 규정에 따른 주류의 발효·제성 과정에 대통령령으로 정하는 재료를 첨가한 것.

나. 약주

1) 녹말이 포함된 재료(발아시킨 곡류는 제외한다.)와 국(麴) 및 물을 원료로 하여 발효시킨 술덧을 여과하여 제성한 것.

2) 1)에 따른 주류의 원료에 당분을 첨가하여 발효시킨 술덧을 여과하여 제성한 것.

3) 1) 또는 2)에 따른 주류의 원료에 과실·채소류를 첨가하여 발효시킨 술덧을 여과하여 제성한 것.

4) 1)부터 3)까지의 규정에 따른 주류의 발효·제성 과정에 대통령령으로 정하는 재료를 첨가한 것.

5. 1)에서 4)까지의 규정에 따른 주류의 발효·제성 과정에 대통령령으로 정하는 주류를 혼합하여 제성한 것으로서 알코올 성분 도수가 대통령령으로 정하는 도수 범위 내인 것.

다. 청주

1) 곡류 중 쌀(찹쌀을 포함), 국(국) 및 물을 원료로 하여 발효사칸 술덧을 여과하여 제성한 것 또는 그 발효·제성 과정에 대통령령으로 정한 재료를 첨가한 것.

2) 1)에 따른 주류의 발효·제성과정에 대통령령으로 정하는 주류 또는

재료를 혼합하거나 첨가하여 여과하여 제성한 것으로서 알코올 성분 도수가 대통령령으로 정하는 도수 범위 내인 것.

3. 증류주류 (소주, 위스키, 브랜디, 일반증류주, 리큐르)

가 소주(불휘발분이 2도 미만이어야 한다.)

1) 증류식 소주

가) 녹말이 포함된 재료, 국(국)과 물을 원료로 하여 발효시켜 연속식증류 외의 방법으로 증류한 것, 다만 발아시킨 곡류(대통령령으로 정하는 것은 제외 한다)를 원료의 전부 또는 일부로 한 것, 곡류에 물을 뿌려 섞어 밀봉발효시켜 증류한 것. 또는 자작나무숯(다른 재료를 혼합한 숯을 포함한다, 이하 같다)으로 여과한 것은 제외 한다.

나) 가)에 따른 주류의 발효·제성과정에 대통령령으로 정하는 재료를 첨가한 것.

다) 가) 또는 나)에 따른 주류에 대통령령으로 정하는 바에 따라 주정 또는 대통령령으로 정하는 곡물주정(이하 '곡물주정'이라한다)을 혼합한 것.

라) 가)부터 다)까지의 규정에 따른 주류를 나무통에 넣어 저장한 것.

2) 희석식 소주

가) 주정 또는 곡물주정을 물로 희석한 것.

나) 주정과 곡물주정을 혼합한 것을 물로 희석한 것.

다) 가) 또는 나)에 따른 주류에 대통령령으로 정하는 재료를 첨가한 것.

라) 가)부터 다)까지의 규정에 따른 주류에 대통령령으로 정하는 다)에 따라 1)가) 또는 1)라)에 따른 주류를 혼합한 것.

마) 가)부터 라)까지의 규정에 따른 주류를 나무통에 넣어 저장한 것.

4. 기타주류

우리 술, 어디에 어떤 술이 있는가?
일제시대와 우리 술

우리나라는 강국으로 둘러싸인 지리적 요건으로 인해 유난히 많은 국난을 겪었고, 국난을 겪을 때마다 전통주를 비롯한 수많은 우리의 문화들이 사라져 갔다. 그 중 일본의 식민지였던 일제 강점기는 전통주 문화 말살 정책으로 인해 우리 술의 명맥이 위협받는 시기였음을 이미 설명 한 바 있다. 1907년 일본은 우리 전통주 문화를 말살함과 동시에 세금을 추가로 걷기 위한 수단으로 '주세령'을 공포하였으며, 1917년에는 집집마다 저마다의 가풍으로 빚어 오던 가양주 제조를 전면 금지시키고 주류 제조업자가 운영했던 '술도가'만이 술을 제조, 판매할 수 있도록 한 동시에 사케를 비롯한 다양한 술이 외부에서 유입

되었다. 특히 '정종(正宗 : 사케 / 일본 전통 청주의 상품명)'이 우리나라에 유입되어 판매되면서 정종이 청주의 대명사가 되었고, 우리의 전통 청주는 약주라는 이름으로 불리게 되었는데, 일본의 식민지에서 벗어난 지 오래인 지금까지도 우리 전통 청주는 제 이름을 찾지 못하고 있으니 안타까울 따름이다.

1945년 8월 15일, 해방은 우리 술에게도 부활의 신호탄이 되어 주었다. 다시 전국에서 술이 제조되기 시작한 것이다. 다만, 해방 후에도 맥주, 위스키 등 서양 술의 급속한 유입과 식량 부족으로 인한 전통 증류식 소주의 생산 전면 금지 정책에 따라 주정에 물을 섞어 희석하고 각종 첨가제를 넣은 희석식 소주가 탄생하면서 전통 술의 원료와 제조 방법대로 빚은 우리 술을 찾는 것은 쉽지 않았다. 더군다나, 정부가 일제시대의 주세법을 대부분 유지하여 해방 이후에도 일본의 양조 방법으로 만들어진 '정종'이 청주라는 이름으로 우리 조상들의 제사상에 올려지게 된 것이다.

1988년 서울올림픽은 해방 이후 겨우 다시 부활해 명맥을 이어가던 전통술에 숨을 불어 넣었다. 국제적 행사인 올림픽 유치와 개최를 기회로 각국의 귀빈을 비롯한 여행객들이 우리나라를 찾았으며 그들에게 우리 문화를 알리기 위해 많은 이들과 식품 명인들이 전통술을 재현하기 위한 노력울 기울였기 때문이다. 1986년 '문배주'. '면천두견주', '경주교동법주'가 처음으로 '중요무형문화재 86-1호'로, 각 지방자치단체에서 발굴한 술들을 '지방무형문화재'로 지정하여 개발, 관리 한 것도 그와 관련된 노력의 일환이다.
지금까지 막걸리(탁주)로는 정읍 송명섭 막걸리, 함양 자희양 막걸리 등이, 증류식 소주로는 안동소주, 화요, 문배주 등이, 약주(청주)로는 경주교동법주, 자희양 국화주와 감홍로, 죽력고, 이강주 등이 중요. '지방무형문화재', '식품명인', '지역특산주' 제조허가를 받은 분들에 의해 재현·제조 판매되고 있다. 이 중 감홍로, 죽력고, 이강주는 육당 최남선 선생의 '조선 문답집'에 '조선 3대 명주'로 기술되어 있을 만큼 귀중한 우리 술이다.

우리는 오랫동안 전통 문화를 지켜야 한다고 수도 없이 외치면서도 술을 선택하는 데 있어서는 그 노력을 게을리 했지 싶다. 어패류나 육류, 농산물 등 식품을 선택할 때도 원산지 이력제에 따른 생산자 정보를 확인하듯이 술을 선택함에 있어도 원료의 산지나 전통 양조방법으로 빚은 것인지, 감미료나 첨가제를 넣지는 않았는지 확인하는 습관을 가져보는 것이 어떨까? 그것이 더 건강한 술을 즐기는 방법이기도 하고, 우리 것을 사랑하는 마음의 실천이기도 하니까 말이다.

우리 술은 어디에서 구입할 수 있을까?

우리 나라 사람들은 원조(元祖)를 좋아해서, 원조 할매 설렁탕, 원조 왕족발, 원조 복국집 등옛 그대로의 맛을 찾아다닌다.옛 맛 그대로 어떠한 인공 조미료나 첨가물이 들어가지 않은 담백한 맛을 찾기 때문이다. 그런 사람들이라면 술 역시 인공 조미료나 첨가물이 들어가지 않은 전통주를 좋아하지 않을까? 하지만 안타깝게도 우리 전통주를 찾기란 그리 쉬운 일이 아니다.
유명 쇼핑센터, 백화점, 전문 주류 판매점조차 수입 와인, 맥주, 위스키, 일본 사케 등 다양한 주류들이 진열되어 있으나, 우리의 전통주는 거의 없었으니 말이다. 찾는 사람이 없어서 일까? 아니면 가격이 비싸고 경제적 이윤을 얻을 수 없다고 느껴서 일까?

의외로 우리가 조금만 노력을 기울인다면 국가 지정 무형문화재, 식품 명인들이 재현하여 빚고 있는 양조장을 찾을 수 있고 이를 구입할 수 있다. 그럼에도 우리가 주로 술을 찾는 마트나 백화점, 주류 판매점 이나 식당에서 전통주를 쉽게 발견할 수 없었던 이유는 어떤 술이 우리 전통주인지 모르거나 그만큼의 애정을 갖지 못했기 때문이 아닐까 생각된다.
안타깝게도, 아직은 전통주에 대한 개념도 확실하지 않거니와, 어떤 술이 전통주인지조차 알지 못하니 이를 찾지 못하는 게 아닐까? 하지만 지금 시작해도 늦지 않았다. 이제부터라도 전통주가 어떤 술이고, 어디에서 만들어지고 판매되는지 관심을 기울여 보았으면 한다.

서양 음식을 판매하는 레스토랑에 가 보면 와인, 맥주, 위스키 등 대부분의 주류가 갖추어져 있고, 일식 음식점에는 다양한 사케(일본 청주)가, 중국 음식점에는 다양한 백주(고량주)등이 메뉴판을 가득 채우고 있다.
그런데 왜 우리 일반 음식점 메뉴판에서 발견되는 술은 첨가제를 섞은 막걸리, 희석식소주, 맥주, 과일주뿐인 것일까? 꼭 있을 것이라 믿었던 한정식집의 메뉴판도 매한가지다. 여행객들이 자주 머무는 서울 유명 특급 호텔 중에 '신라 호텔' 외에는 한식 레스토랑이 없으니, 전통주를 판매하는 곳도 없는 것으로 알고 있다. 이러한 현실을 감안하면, 최근에 맥주 팝. 사케 바, 와인 바 등이 인기를 끌면서 동시에 우리 전통주를 전문으로 하는 주점이 여기 저기에 생겨나는 것은 반가운 일이 아닐 수 없다.
하지만 100여 종의 전통주를 갖추고 있다는 자랑이 무색하게 국가 지정 무형문화재, 식품명인들이 빚은 우리 술을 찾아보기는 어려운 것이 사실이다. 기왕이면, 주점이 사랑 받는 흐름에 힘입어 많은 이들이 이제부터라도 우리의 전통 막걸리. 동동주 그리고 희석식 소주가 아닌 증류식 소주 등 전통주가 가진 깊고 오묘한 맛과 향을 쉽게 찾고 즐길 수 있게 되길 희망한다.

가까운 곳에서 우리 전통주를 접할 수 있는 곳

한일관, 경복궁, 전통주 갤러리, 한국민속촌, 제주 켄싱턴호텔

전통주갤러리 _ 한국 전통주의 맛과 멋, 문화적 가치를 널리 알리고자 농림축산식품부가 문화체육관광부와의 협업으로 설립한 전통주 홍보공간으로 무형문화재, 명인들이 재현한 각종 전통주, 탁주(막걸리, 동동주 등), 약주, 청주, 증류식소주 등을 시음할 수 있는 곳이다.

한국민속촌 _ 한국민속촌의 찹쌀동동주는 100% 순 우리 찹쌀만 고집해 정성스레 빚어낸 찹쌀 동동주로 맑고 깨끗한 맛이 일품으로 꼽힌다. 화학 방부처리나 살균처리를 거치지 않아 우리 몸에 좋은 살아있는 유산균과 영양성분이 가득한 술인 생막걸리도 맛볼 수 있다.

제주 켄싱턴호텔 _ 국내 호텔 최초로 전통주 바를 운영하고 있다. 한식당 '돌미롱'에 개설한 전통주 바에서 문배술, 한산소곡주, 안동소주 등 전국 8도 명주 9종을 포함해 조선3대 명주인 감홍로, 죽력고, 이강주, 제주 전통 오메기술 고소리술 허벅술 등 15종의 전통주를 맛 볼 수 있다.

전국 민속주 분포도

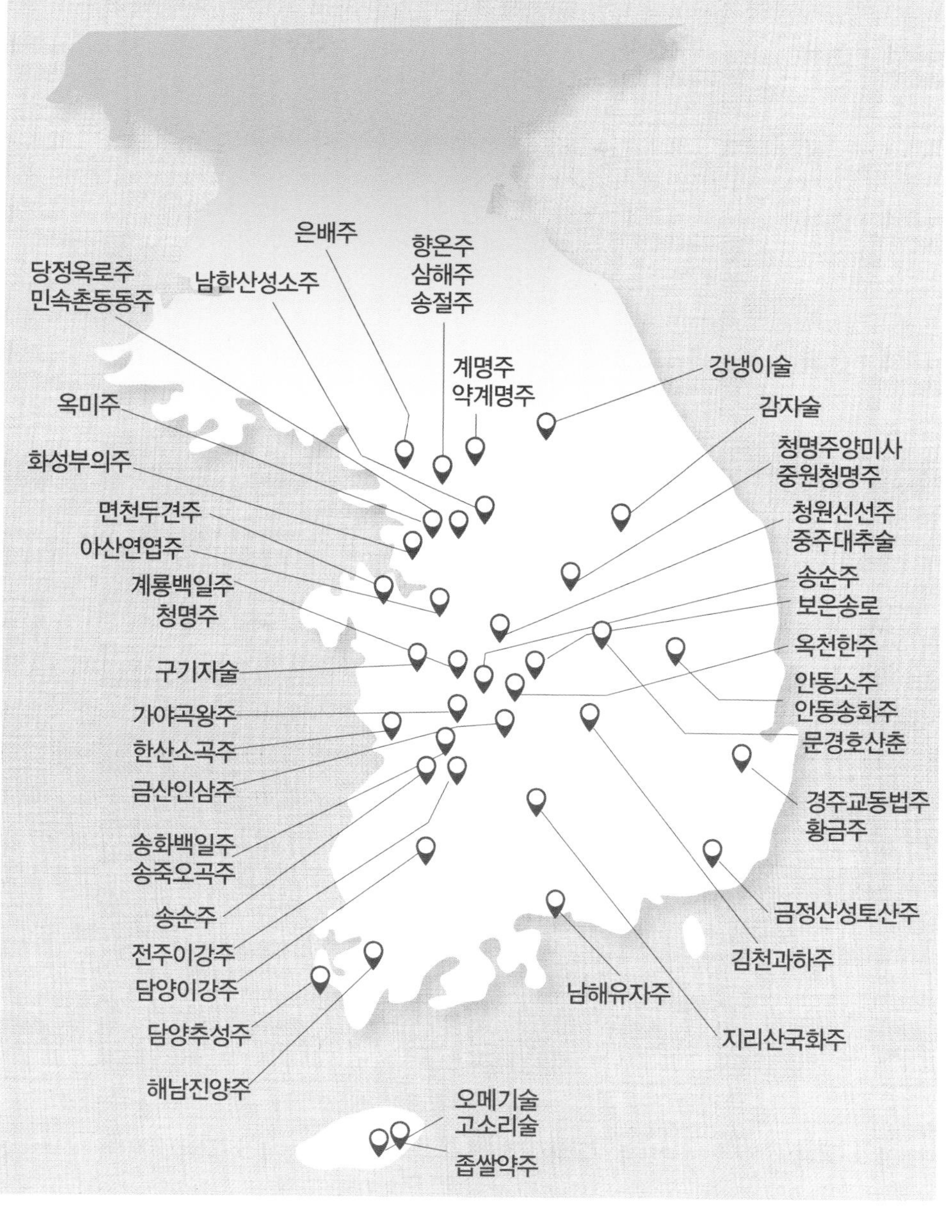

은배주
향온주
삼해주
송절주
당정옥로주
민속촌동동주
남한산성소주
계명주
약계명주
강냉이술
옥미주
감자술
청명주양미사
중원청명주
화성부의주
청원신선주
중주대추술
면천두견주
아산연엽주
송순주
보은송로
계룡백일주
청명주
옥천한주
구기자술
안동소주
안동송화주
가야곡왕주
문경호산춘
한산소곡주
금산인삼주
경주교동법주
황금주
송화백일주
송죽오곡주
금정산성토산주
송순주
전주이강주
김천과하주
담양이강주
남해유자주
담양추성주
지리산국화주
해남진양주
오메기술
고소리술
좁쌀약주

우리 전통 소주를 되찾는 길!

우리나라 사람들이 가장 즐겨 마시는 술인 '소주'를 말하면 대부분 이들이 떠올리는 '참이슬', '처음처럼' 등으로 대표되는 희석식 소주의 시작점에는 우리 역사와 전통주가 함께 겪었던 아픔이 있다.

조선 시대에 들어 전국에서 다양하게 생산, 전성기를 맞이한 전통소주는 일제 시대에 접어들어 조세법에 따른 무거운 세금에 대한 부담과 우리 술 문화를 말살하려는 정책에 의해 행해진 각종 단속이 있어 퇴보하거나 사라지고 밀주가 성행하였다. 이에 따라, 일제는 1916년 주류단속을 더욱 강화하여 모든 주류를 약주, 탁주, 소주 3종류로 획일화시켜 버리는데, 순곡 청주류와 가향주류, 약용 약주류를 약주로 묶고, 일본 술을 청주류로 분리함으로써, 전통 청주 대신 약주란 명칭을 사용하게 되어 집안 제사에 일본 술을 사용하는 서글픈 일이 벌어지게 된다. 뒤이어, 1917년 '자가양조 전면 금지' 조치가, 1920년,

재래식 전통 누룩 대신 일본식으로 개량된 흑국, 황국 배양균으로 만든 입국을 사용하는 '전통주 제조법'을 시행한 이후 한국 전통주는 대부분 맥이 끊기게 되었다. 결국, 우리 술은 찾을 수 없게 되고 일제의 주세법 공포 이후, 일본인들의 대거 자본 투자로 소주 제조장들이 기업화하면서 소위 신식 당밀소주라는 것을 대량 생산하게 되었는데, 이것이 지금 우리가 마시는 '참이슬', '처음처럼' 등으로 대표되는 희석식 소주의 원조다.

정리하면, 일제강점기에 우리 문화와 한글이 말살된 것처럼, 전통주 말살 정책에 의해 우리 술 문화의 아름다움은 퇴색되어 버린 것으로, 해방을 맞으면서 다시 그 색을 찾을 수 있을까 기대했으나 기쁨도 잠시, 한국전쟁으로 인해 다시 모든 것이 소실되고, 무너져 버린 경제를 되살린다는 명목으로 쌀과 곡물을 이용한 주류 생산이 금지되었다. 일제강점기와 전쟁을 연달아 겪어내는 동안 처참히 짓밟힌 우리 영토처럼 우리의 전통주 문화도 피폐된것이다. 이러한 비극의 끝에서 전통주의 대체재로 만들어진 것이 지금 우리가 마시는

자네 집의 술이 익거든 부디 날 부르시게
내 집의 꽃이 피거든 나도 자네 청하옴세
백년덧 시름 잊을 일을 의논코자 하노라

김육(金堉)

발효의 역사와 함께 하는 우리 음식과 전통주

우리나라 사람들이 가장 좋아하는 음식은 무엇일까? 물으면, 대다수의 사람들이 '김치' '김치찌개 혹은 된장찌개' 라고 답할 것이다.
아울러, "어떤 술을 좋아하는가? 를 묻는다면 아마도 '막걸리 또는 소주'를 말하지 않을까? 막걸리와 소주는 이미 우리의 '국민주'로 자리 잡았음은 물론, 우리나라를 대표하는 술로 세계에 그 이름을 떨치고 있으니 말이다. 이처럼 발효 음식과 발효주을 즐기는 것은 물론, 여러 과실을 발효시켜 유자청, 매실청 등과 같은 발효액을 만든 뒤 차(茶)로, 약재로, 다양한 음식의 양념으로 사용하는 것만 보아도 우리 나라 사람들이 오래 전부터 발효 음식을 아끼고, 사랑한다는 것을 쉽게 알 수 있다.

중국인들은 이미 삼국 시대의 우리 민족을 '자희선장양(自喜善藏釀): 스스로 장 과 술 등 발효음식을 만들어 즐긴다'고 기술하였는데, 이와 같은 사실로 미루어 우리 조상들은 오래 전부터 농경을 시작하였고, 생산된 곡물과 채소를

주재료로 하여 발효식품으로 만드는 제조 기술이 발달했음을 알 수 있다. 현재도 발효 식품은 영양학적으로나 식문화 전체에 있어 매우 중요한 위치를 점하고 있음은 물론이다.

酒 역사 속에 나타나는 발효식품

우리의 전통 사회가 농경 문화권이었던 만큼 우리네 발효식품은 된장·간장·고추장·식초와 같은 조미 양념류, 김치·젓갈 등의 찬류, 그리고 곡물발효주 위주로 발달하였다. 그 중 장·젓갈·술 등의 발효 식품에 관한 기록은 '삼국지(三國志)' 「위지(魏志)의 고구려조와 '삼국사기(三國史記)'의 「신라본기(新羅本紀)」 신문왕(神文王) 3년(683년) 등의 역사서에서 처음으로 확인할 수 있다. 물론 위의 기록만으로 당시 발효 식품 문화 전체를 단언할 수는 없으나, 그 존재 사실만큼은 공식적으로 확인 할 수 있는 것이다.

이처럼 우리 민족의 식문화와 발효 식품의 역사를 분리해 설명할 수 없는 만큼 우리는 발효 방법과 발효주, 김치와 젓갈을 포함한 다양한 발효 식품에 대해 더 자세히 알고 이를 계승, 발전시키기 위해 노력해야 한다. 그래야만 자라나는 청소년들이나 외국인들에게 전통 식품이나 전통주를 소개할 때에 제대로 된 정보를 알려줄 수 있으며,한식의 세계화를 표방하며 다양한 형태로 개발되고 있는 우리 음식 역시 근본을 잃지 않고 맛의 균형을 갖추고 있는 제대로 된 음식으로 개발해 나갈 수 있기 때문이다.

발효와 발효식품은 어떤 것일까?

발효란, 곰팡이, 효모나 세균 등의 미생물을 이용하여 그 효소작용으로 유기물을 분해하여 알코올류, 유기산류, 이산화탄소 등의 새로운 성분을 생성하게 하는 작용을 말하며, 발효 식품은 발효에 의해 만들어진 식품의 총칭을 말한다.

발효 식품은 우리나라 뿐 아니라, 전 세계인의 생활 양식과 식문화에 중요한 부분을 차지한다. 또한, 각 나라의 발효 식품은 자국의 고유한 식습관과 환경에 따라 다양하게 나타난다. 그 중, 미생물에 의한 발효 식품은 알코올 발효에 의한 탁주(막걸리)·청주·맥주·와인·위스키 등의 알코올음료, 젖산 발효에 의한 김치·치즈·요구르트, 초산 발효에 의한 식초, 그리고 곰팡이 와 세균에 의한 된장·간장·고추장·청국장 등이다. 또한 식품에 작용하는 미생물은 발효(fermentation)와 부패(putrefaction)에 관여 할 수 있다.

酒 발효와 부패의 차이

발효: 유기물(식품)의 성분 중 탄수화물이나 단백질 등이 미생물에 의해 분해되어 알코올, 유기산 등 유용한 물질이 생성되는 현상, 즉 사람에게 유익한 물질을 생성하는 현상을 말한다.

부패: 유기물(식품) 중에 탄수화물, 단백질 등이 미생물에 의해 분해, 악취가 나거나 유해한 물질이 생성하는 현상, 즉 사람에게 유익하지 않은 물질을 생성하는 현상을 말한다.

여성들은 발효주를 좋아한다

최근, 경제 불황과 1인 가구의 증가로 '혼술족(혼자 술을 마시는 것을 즐기는 사람들)'과 '홈술족(집에서 술을 즐기는 사람들)'이라는 신조어가 생겨 났을 만큼 집이나 소규모의 주점에서 혼자 술을 즐기는 이들이 증가했으며, 직장과 사교를 위한 단체 혹은 남성이 주요 소비층이었던 이전과 달리 최근 주류 판매 시장은 일명 '혼술'을 즐기는 이들과 여성을 위주로 한 술을 많이 개발, 생산 되고 있다. 그들이 선호하는 술은 주로 발효주로, 여기서 '발효'란 미생물을 이용하여 그 효소 작용으로 유기물을 분해하여 알코올류, 유기산류, 이산화탄소 등이 생성하게 하는 작용'을 말한다.

그런데, 술과 발효주에 대해 연구하는 과정에 한 가지 궁금증이 늘 있어왔다. 시대와 연령에 관계치 않고 여성들은 유독 발효주를 선호하는데 과연 그 까닭이 무엇일까 하는 것이다. 아마도 술의 도수가 높지 않아 가볍고, 편하게 즐길 수 있는 것이 첫 번째 이유가 아닐까?

MOËT
CHAMPAGNE
MOËT & CHANDON
IMPÉRIAL
BRUT
ULTIMA
FARNESE
QUATTRO UVE
CLOUDY BAY

여성들이 좋아하는 와인이나 맥주 또는 최근 인기를 얻고 있는 신개념 칵테일과 발효주는 엑기스 함량이 많은 술로 에틸 알코올의 함량이 1~18% 인 대체로 도수가 낮은 술이다. 물론, 주종에 따라 도수의 편차는 있다. 예를 들어, 대표적 과실주인 사과주의 알코올 함량은 4-7%, 맥주:4-5%, 막걸리는 6-8%, 포도주: 10- 14%, 약주/청주: 13~18% 에 달한다. 이처럼 발효주의 도수가 높지 않은 이유는 알코올 함량이 20% 이상 되면 효모의 발효 작용이 중지 되거나 사멸되기 때문에 18% 이상의 발효주를 제조하는 것이 어려움이 따르는 까닭이다. 따라서 알코올 함유량 20%이상의 술을 얻으려면 발효주를 증류하여 증류주를 만드는 과정을 더해야만 한다.

이처럼 곡물이나 과실, 혹은 약재를 원료로 발효시켜 낮은 도수의 술로 양조한 발효주는, 휘발성 향기에 관여하는 성분 이외에 맛과 관계가 있는 당분, 아미노산, 불휘발성산 등을 함유하고 있는 엑기스(extract) 성분의 함량이 높기 때문에, 그 맛과 향이 일반 주류에 비해 증가하는데 바로 이것이 여성들로 하여금 발효주를 찾게 하는 두 번째 이유이다.

발효주의 원재료가 되는 여러 가지 과일이나 열매, 약재의 진액에서 느껴지는 특유의 맛과 향이 술을 마시는 이로 하여금 여타의 술에 비해 더욱 다양한 선택을 가능하게 하고, 혀에 감도는 맛과 오래도록 남는 향을 누릴 수 있도록 돕기 때문이다. 발효주의 다양한 맛과 향이 자신의 옷, 액세서리 등 자신의 소유와 같은 것을 타인에게 용납 하지 않는, 다른 사람과 다른 나만의 것을 추구하는 성향을 지닌 여성들로 하여금 더욱 더 발효주에 빠져 들게 하는 것은 아닐까?

여성들이 발효주를 선호하는 세 번째 이유는 발효주가 지닌 특유의 청량감이다. 발효'란 뜻의 'fermentation'은 라틴어의 'ferverve(끓는다)'에서 유래되었는데,이는 포도주나 맥주 등의 알코올 발효 시 발생하는 탄산가스에 의해 기포가 생겨난다는 것에 기인한다. 따라서, 탄산수와 탄산음료의 청량감을 즐기는 여성들에게 발효주 역시 가벼운 느낌과 시원한 청량감을 주어 더욱 친숙하게 마실 수 있도록 돕기 때문이다.

최근 주류 판매대나 전시장에 진열되어 있는 많은 상품이 여성소비자들을 타겟으로 개발된 여러 종류의 리큐르, 막걸리 칵테일, 과일 맛 맥주, 과실주임을 확인 할 수 있는데, 이는 위에서 살펴 본 세 가지 이유로 이전보다 다양한 연령, 계층의 여성들이 발효주를 찾고 있는 현상을 반영 하는 것이라 할 수 있다.

술의 발효과정은 과학이다.

실제 '알코올 발효에서 곡물 중의 전분(녹말)이 당화(糖化)되어 포도당이 생성되는 당화 과정'과 '포도당이 효모에 의하여 발효되어 에틸알코올과 탄산가스가 생성되는 과정'을 살펴보면 술의 발효 과정은 우연이 아니라 체계적인 과학 현상임을 알 수 있다.

그렇다면 발효주는 어떠한 과정을 거쳐 만들에 지는 것일까?
발효주는 양조주라고도 하는데, 술의 원료와 발효 방법에 따라 단발효주(單醱酵酒)와 복발효주(複醱酵酒)로 분류되며, 복발효주는 다시 단행복발효주(單行複醱酵酒)와 병행복발효주(竝行複醱酵酒)로 분류된다.

먼저 단발효주와 복발효주에 대해 알아보자. 단발효주는 포도주. 사과주 등과 같이 과실 중에 함유되어 있는 당분 (포도, 사과 등과 같은 과실류와 사탕수수. 당밀 등의 당질원료) 즉, 포도당을 별도의 당화과정 없이 효모의 투입만으로 발효시켜 만든 술이며, 복발효주는 탁주. 약주. 청주. 맥주. 소홍주. 위스키 등과 같이 곡물(쌀, 밀, 옥수수 등의 곡류, 감자. 고구마. 타피오카 등의 뿌리 혹은 열매) 중에 함유되어 있는 전분질 원료를 먼저 당화 효소로 당화시킨 후에 효모로 발효시키는 두 공정을 거치는 술을 말한다.

후자인 복발효주는 다시 단행복발효주와 병행복발효주로 구분되는데, 단행복발효주는 맥주를 제조하는 과정처럼 보리(맥아 / 麥芽, malt)를 당화하고, 그 당화액을 발효시키는 당화 공정과 발효 공정을 분리해 이루어지며, 병행 복발효주는 술덧 속에서 쌀, 보리, 밀 등의 전분질 원료를 누룩(발효제: 당화 효소 + 효모)에 의한 당화와 발효 두 과정을 동시 진행하여 만들어 지는 술을 말하는 것으로, 우리 전통주인 탁주, 청주가 이에 속한다.

酒 단발효주: 포도주, 사과주, 복분자주 등

효모

포도당 → 에틸알코올 + 탄산가스

알코올발효

酒 단행복발효(맥주 등)

효소 효모

전분 → 포도당 → 에틸알코올 + 탄산가스

당화 알코올발효

酒 병행복발효주 (탁주, 청주 등, 항아리속에서 당화와 발효가 동시에 진행)

효소 효모

전분 → 포도당 → 에틸알코올 + 탄산가스

당화 + 알코올발효

(누룩에 의해 당화와 발효가 동시에 진행)

* 당화(糖化, Diastatic Fermentation): 전분질원료(멥쌀, 찹쌀, 옥수수, 밀 등과 같은 곡물과 감자, 등의 전분이 주성분인 원료)가 전분질 가수분해효소(당화효소, 아밀라제)에 의해 포도당을 생성하는 것

우리 술 순수령(純粹令), 하우스 막걸리의 차별화

우리 술(탁주, 청주, 약주)은 양조주(釀造酒)다. "양조(釀造, brewing)란 미생물의 발효에 의해 주류나 된장, 간장, 식초 등의 발효식품을 제조하는 것을 뜻하는 것으로, 양조주란, 탁주(막걸리).청주 · 포도주 · 맥주 등과 같이 곡류나 과실을 원료로 하여 발효시켜 제조한 술을 말하며, 발효주라고도 한다.

그간은 양조장등, 지정된 사업체에서 생산되었으나, 최근 들어 개인이 각자의 취향에 맞는 맥주나 와인, 탁주 등 다양한 주류를 제조하고 즐기는 사회적 분위기가 형성되면서 정부는 2016년 2월, 소규모 음식점에서도 하우스 막걸리 등의 전통주를 제조 판매할 수 있도록 소규모 주류 제조면허 품목에 탁주(막걸리). 약주. 청주를 추가시키는 주세법 시행령을 개정, 발표하였다.

'하우스 막걸리'란 , 주점이나 음식점등 소규모 업체가 만드는 막걸리(탁주)를

일컫는 것으로, 곡물의 종류, 양, 첨가물, 숙성 기간 등을 자신의 취향에 맞게 다양화 하여 만든 '하우스 맥주'와 맥을 같이 한다. 생맥주에 대한 설명을 하면서 언급했던 바대로, 독일에서는 맥주의 품질 향상과 보존을 위해 1516년 바이에른 주에서 "맥주 순수령(Reinheitsgebot)"를 제정하여 지켜 왔다. 물론 지금은 독일에서도 맥아(보리)를 이용한 맥주뿐만 아니라 밀을 사용한 맥주도 생산되는 등 소비자의 다양한 욕구와 기호에 따라 선택되어지고 있다.

다시 말하면, 하우스 막걸리란, 양조장에서 대량 생산한 뒤, 여러 지역으로 유통하는 것이 아닌 음식점, 주점 등의 소규모 시설이나 개인이 고유의 취향과 양조방법으로 빚어낸 신선한 "생막걸리"라고 할 수 있으며, 하우스 막걸리의 대중화를 통해 우리는 그간의 획일화된 막걸리가 아닌, 그 하우스(제조자)만의 서로 다른 원료나 제조 방법에 따라 독특한 향과 맛을 지닌 막걸리를 만나게 되었다 할 수 있다.

주종은 다양해 졌으나, 좋은 술 그리고 좋은 술맛이 좋은 원료와 발효, 증류, 숙성 방법에 의해 결정된다는 것만은 동서양에서 모두 변치 않는 진리이다.

우리 술도 예전에는 원료로 곡류 즉 "쌀. 누룩. 물"만으로 '탁주.청주'를 빚고, 이 술을 증류하여 '소주(燒酒)'를 얻는과정에 어떠한 다른 첨가물도 넣지 않았었다. 뿐만 아니라, 우리 술 중 하나인 가향주(佳香酒)나 약용약주(藥用藥酒)를 빚을 때에도 자연에서 얻은 천연 재료만을 사용하였으며, 어떠한 인공 화학 첨가물을 사용하지 않았다.

독일의 "맥주 순수령"은 맥주를 제조하는데 사용되는 재료를 구체적으로 규정하고 있으나 넓은 의미에서 이는 좋은 재료, 건강한 재료를 사용하고 원칙을 지켜 양조하자는 의미일 것이라고 생각한다. 하우스 맥주와 함께 하우스 막걸리(탁주)가 대중화하고 있는 지금, 우리도 '우리 술 순수령 캠페인(campaign)'을 벌였으면 한다.

예전에는 우리 나라 각 지방 마다 향토주가 있었고, 각 가정마다 가양주가 있어 그 가문을 대표했던 전통을 이어 "쌀. 누룩. 물 " 만으로 빚은 순수 막걸리를 포함 ,각 지역의 특산물을 활용한 우리 술의 보존과 개발에 힘쓰는 동시에 수입 쌀. 밀가루, 개량누룩(입국)과 감미료. 첨가제를 사용하여 제조. 판매되고 있는 수많은 종류의 "막걸리","동동주", "희석식소주" 등이 품질이나 가격 역시 세분화해야 한다. 환언하면, 우리의 것을 지키면서 소비자들의 각기 다른 기호에 따라 우리의 전통 주류를 자유로이 선택되어 질 수 있는 우리 전통 주류 시장의 다양화, 차별화가 이루어졌으면 한다.

최근에는 무형 문화재, 식품 명인을 비롯한 우리 술의 전통을 지키는 이들에 의해 여러 종류의 우리 술이 빚어지고 있으며 주류 시장에서 그 가치를 인정받으며 판매되고 있음은 물론 앞서 언급한 주세법 개정에 힘입어 흔히 볼

수 있는 펍이나 와인 숍처럼 우리 술을 전문적으로 취급, 판매하는 업체도 증가하고 있는 추세이다.내가 사는 동네, 혹은 다른 동네의 유명 주점이나 음식점에서 그 곳만의 다양한 전통주를 맛 볼 수 있는 시대임을 의미하는 것이다.

물론, 고유의 양조 방법으로 전통주를 빚는 것이 생각처럼 쉬운 일은 아니다.
첫째는 우리 술에 대한 열정과 신념이 있는 이가 빚어야 하고,
둘째는 우리 술에 대한 특징과 전문적인 지식을 갖추어야 하겠고,
셋째는 좋은 술을 빚을 원료, 재료 및 양조 설비를 갖추어야만 한다.

이와 같은 기본 자질과 기본 시설을 갖추지 않고, 경제적 이득이나 욕심만으

에서 저장,숙성 해야 한다.

백주를 분류하는 방법은 다양하지만 고량(수수) 등의 원료, 누룩의 종류, 발효 방법, 교의 수명, 생산지의 자연 환경 등에 따라 다양한 '향'에 의한 분류가 일반적으로 장향형(醬香型), 농향형(濃香型), 청향형(淸香型), 미향형(米香型), 기타향형(其他香型)으로 나누어진다.

백주의 향은 대체로 짙고 풍부하며 순수하고 깔끔하고 마신 뒤 끊이지 않고 남아 입 안에 여운이 남는 특징이 있다.

백주의 원료는 남부지방에서는 주로 쌀을, 북부지방에서는 수수, 밀, 보리, 기장 등을 사용한다. 소주(燒酒), 백간(白干), 고량주(高粱酒) 등으로 불렸으나, 1949년 이후 백주(白酒)로 통일 되었고, 귀주성(貴州省) 마오타이전(茅台鎭)에서 생산되는 마오타이주(茅台酒), 산시성(山西省) 펀양셴(汾陽縣) 싱화춘(杏花村)에서 생산되는 펀주(汾酒), 하남성(河南省)에서 생산되는 두강주(杜康酒), 그리고 다섯 곡물로 빚은 오량액(五粮液) 등이 있다.

(2) 황주(黃酒)는 황갈색을 띠고 있어 붙여진 이름으로 곡류와 잡곡류를 원료로 빚은 양조주(발효주)이며 알코올 도수는 14-16% 정도이다. 주로 남부지방에서 생산되는 황주는 연한 황색을 띠며, 투명하고 맑은 것이 특징이다. 황주로 가장 유명한 술은 절강성(浙江省)소흥(紹興)지방의 찹쌀과 보리누룩으로 발효시켜 만든 소흥주(紹興酒)인데, 중국의 황주 중에서 가장 역사가 오래된 술로 중국을 대표하는 술 중 하나이다.

* 중국은 1989년까지 다섯 차례에 걸쳐 '전국 명주선발대회'를 개최하였다, 이 대회에서 선발된 '중국을 대표하는 8대 명주'로는 모태주, 분주, 오량액, 죽엽청주, 양하대곡, 노주특곡, 고정공주, 동주가 있다.

酒 중국집의 배갈(빼갈)과 고량주는 같은 술일까?

'배갈(빼갈)'은 백간(白干) 혹은 바이갈(白干兒)에서 유래되었다고 한다. 백주와 같은 뜻으로 종종 사용되나, 배갈(白干)은 백주(白酒)의 한 브랜드이고, 고량주는 백주의 일종으로 고량(高粱, 수수)을 원료로 만들었다하여 고량주라고 불린다. 즉, 동일한 백주이나 배갈이 브랜드 이름이라면 고량주는 수수를 원료로 사용한 백주라는 것을 의미한다. 백주가 우리나라에 도입된 초기에 저렴한 가격 등을 이유로 널리 소개 되면서 백간(白干)의 북방식 발음인 '빠이갈'이 백주와 동일시된 것으로 보기도 한다.

일본술(사케 sake)의 역사와 종류

(1) 사케

일본의 주류는 청주, 합성청주, 소주, 미림, 과실주 등으로 분류된다. 사케는 주원료인 쌀, 누룩(코자)과 물을 더하여 발효시켜 만든 일본의 청주로 니혼슈(日本酒), 즉 일본 술이라 불리울 만큼 일본의 대표적인 전통주이다. 사케의 맛은 일반적으로 달고, 시고, 맵고, 쓰고, 감칠맛 나는 5가지의 맛을 갖고 있다, 그리고 이 다섯 가지 맛의 조화와 맛의 진하고 순한 정도인 농담(濃淡), 그리고 온도에 의해서 맛이 결정된다.

(2) 일본 소주(日本燒酎)

쌀, 보리, 고구마, 메밀, 흑당 등 다양한 곡물을 사용하여 당화·발효·증류하여 증류식 소주를 만드는 일본 소주는 갑류소주와 을류소주로 구분한다. 갑류소주는 연속식 증류기를 사용하며 주정을 물로 희석한 우리나라의 희석식소주와 유사하고, 을류소주는 본격소주(本格燒酎)라고도하는데 "을류(乙

사케=정종?

흔히 사케는 우리 나라의 전통 청주에 해당된다고 할 수 있지만, 우리 나라의 청주와 일본 청주(사케)는 술 빚는 방법은 물론 주원료 중의 하나인 누룩이 다르기 때문에 술의 맛에도 큰 차이가 있다. 밀로 만든 떡누룩(막누룩)으로 당화·발효 시켜 빚은 우리 전통 청주와 쌀로 만든 흩임누룩(코지)으로 당화시킨 후 효모를 첨가하여 발효시켜 만든 사케와는 근본적으로 다르다고 할 수 있다. 지역에 따라 다양한 품종으로 쌀을 재배 하므로, 사케의 종류 역시 수없이 많다. 쌀의 품종이나 품질에 따라 사케의 맛과 품질도 달라지고, 그 가격도 수백만 원을 호가한다.

사케는 법적으로 1991년에 등급제가 폐지된 후, 특정 명칭에 의해 구분하고 있다. 쌀의 도정율, 양조 알코올 첨가 등을 기준으로 구분하는데, 쌀과 물 그리고 누룩만으로 만드는 준마이슈 계열과 양조 알코올을 첨가하는 긴조슈 계열로 분류 할 수 있다. 특정 명칭주가 아닌 것은 후쓰슈 보통주, 일반주로 부르는데 전체 사케의 75%가 이에 해당한다.

類)라는 표현은 갑류(甲類)에 비해 품질이 떨어진다는 느낌이 들 수 있다"는 전통소주 제조업체들의 청원에 의해 지금은 '본격소주(本格燒酎)'라는 용어를 사용한다.
을류소주, 즉 본격소주는 전분질 원료나 당질 원료를 발효시킨 발효액을 단식 증류기로 증류한 것으로, 알코올 도수 45%이하의 쌀소주, 고구마소주, 보리소주, 메밀소주 등이 있다. 원료나 발효과정 중에 생성된 성분을 함유하고 있기 때문에 독특한 풍미를 그대로 갖고 있는 고급 소주이다.

본격소주를 즐기는 방법도 매우 다양한데, 소주 그대로의 풍미를 즐기기 위해 아무 것도 섞지 않는 스트레이트, 얼음과 함께하며 나름의 풍미를 즐기는 언더락, 냉동고에 보관해 차갑게 마시며 즐기는 하나타레, 물을 섞어 마시는 미즈와리 등 우리의 전통주를 비롯한 위스키와 맥주, 와인 등 여러 술을 각자의 컵에 여러 가지 방식으로 마시면 각기 다른 풍미를 느낄 수 있듯이 본격소주도 때와 장소, 각자의 기호에 맞는 방식으로 즐기면 된다.

술을 아는 것은 문화를 아는 것이다

국가 혹은 지역에서 전통적으로 내려오는 문화적, 역사적 특성을 품고 있는 우리 술, '전통주'(민속주)를 아는 것'은 그 나라 혹은 그 지역의 문화를 아는 것과 같다. 프랑스의 와인과 꼬냑, 독일의 맥주, 영국의 스카치위스키, 미국의 버번위스키, 러시아의 보드카, 멕시코의 데킬라가 각 국의 대표주이듯이 탁주, 청주, 약주, 그리고 소주는 우리나라의 문화를 알려 줄 수 있는 대표적 술이다.

각 나라의 술은 담그는 방법과 재료 등 여러 면에서 차별화 되어 있으나, 크게 원료와 빚는 방법에 따라

– 발효주(양조주) : 당분을 함유하고 있는 과실과 곡물을 이용하여 알코올

MARASKA
Kirsch
„Extra Dry"
SMIRNOFF
Smirnoff
80 PROOF
VODKA
JOHNNIE WALKER
BLACK LABEL
Old Scotch Whisky
12
BLENDED SCOTCH WHISKY
Glenfiddich.
SINGLE MALT
SCOTCH WHISKY
21
GRAN RESERVA
Ballantine's
Very Old
BLENDED SCOTCH WHISKY
AGED 21 YEARS
NAPOLEON
MARTELL
XO
SUPERIOR
Chabot
ARMAGNAC
PACCIANO
Cognac

발효시켜 빚은 술,

- 증류주, 발효주(양조주) 등을 증류하여 항아리나 나무통(오크통)에 저장. 숙성하여 만든 술
- 혼성주 : 양조주나 증류주를 혼합하거나 증류주에 향료식물이나 과즙, 색소, 한약재, 감미료 등을 첨가 한 술로 분류된다.

酒 원료와 발효방법에 의한, 제조방법에 따른 술의 분류

- 주류
  - **발효주 (양조주)**
    - 단발효주 : 포도주, 사과주, 기타 과실주
    - 복발효주
      - 단행복발효주 : 맥주
      - 병행복발효주 : 청주, 탁주, 약주 등
  - **증류주**
    - 곡류원료 : 고량주, 위스키, 진 (향유첨가), 보드카
    - 고구마원료 : 소주
    - 과실원료
      - 브랜디 : 꼬냑브랜디, 아르마냑브랜디
      - 칼바도스 (Calvados)
      - 커쉬 (Kirsch)
    - 당밀원료 : 럼 (Rum)
    - 용설란원료 : 데킬라 (Tequila)
  - **혼성주**
    - 리큐르(Liquer) : 큐라소(Curacao), 압신뜨(Absinthe) 박하주(Peppermint) 등
    - 약용주 : 매실주, 인삼주 등
    - 합성주 : 합성청주, 감미포도주 등

작은 선물 하나, 술! 알고 마실 수록 더 맛있고 즐겁다!

포도주(葡萄酒, Wine)

와인은 기원전 10,000 - 9,000년 경 메소포타니아와 이집트에서 시작한 것으로 전해지고 있다. 지중해의 온난한 기후가 포도 경작에는 최적의 조건이 되었기 때문이다. 포도를 기르던 그리스인에 의해 와인이 만들어지고 유럽의 프랑스, 독일, 이태리, 스페인 등으로 전해진 이후 19세기 말부터 미국, 칠레, 호주, 뉴질랜드. 남아프리카 공화국 등을 비롯하여 오늘날에는 세계 곳곳에서 와인이 생산되기에 이르렀다.

포도주(wine)는 잘 익은 포도를 으깨서 나온 포도과즙을 효모에 의해서 알코올 발효시켜 제조한 양조주(발효주)다. 원래 와인이라 하면 넓은 의미로는 과

실주를 말하는 것인데, 좁은 의미로는 포도주를 뜻하기도 한다. 따라서 포도 외의 다른 과실주를 말할 때는 사과주 등으로 원료 과일 이름을 와인 앞에 붙여서 표시하는 것이 일반적이다.

와인의 종류는 지역, 품종, 생산자, 등급, 생산년도에 따라 다양하나. 일반적으로 색, 맛(당분), 용도에 따라서 구분 한다. 색에 따라 화이트 와인, 레드 와인, 로제 와인으로, 맛에 따라 스위트 와인과 드라이 와인, 용도에 따라 식전 와인, 테이블 와인, 디저트 와인으로 분류하는 것이다. 이외에도 샴페인 같이 거품이 나는 발포성 와인, 브랜디 등을 첨가한 셰리와인, 포트와인, 약초, 과일 등을 첨가한 혼성 와인 등이 있다.

여러 종류의 와인 중에서 색에 따른 화이트, 레드, 로제 와인의 특징을 살펴보면,

첫째, 레드 와인은 적색 또는 흑색 포도를 으깨, 과즙을 과피(果皮)와 함께

발효시켜 제조한 술로 진한 자색, 진한 적색, 또는 암적색을 띠며, 레드 와인만의 독특한 향기, 과피와 탄닌의 떫은 맛과 산미가 강한 것이 특징이다.

둘째, 화이트 와인은 적색포도의 과피를 제거하여 발효하거나, 청포도의 과즙을 원료로 하여 발효시킨 술이다. 향기로우며, 떫은 맛이 없는 산뜻한 맛이 특징이다.

셋째, 로제 와인은 레드, 화이트 와인의 절충방법으로 만든 포도주로 1차 알코올 발효 중 적당히 안토시안 색소가 추출되도록 하고, 추출 후에 껍질을 발효조에서 제거해 2차 알코올 발효를 화이트 와인의 제조와 동일한 방법으로 만든 술로 맛은 화이트 와인에 가깝다.

맥주(麥酒, Beer, Bier)

기원전 4,000년 경 메소포타니아(지금의 이라크 지역)의 수메르 왕조가 마

셨다는 것이 맥주에 대한 첫 번째 기록이며, 보리가 이집트로 전해져 기원전 3,000년경부터 나일강에서 재배한 대맥으로 생산하기 시작해 유럽으로 전해졌다고 한다. 맥주를 뜻하는 비어(beer)의 어원은 '마신다'는 의미의 라틴어 '비베레(bibere)'에서 비롯되었다는 설과 게르만족의 언어 중 '곡물'을 뜻하는 '비오레(bior)'에서 나왔다는 설이 있다.

전통적인 맥주는 맥아, 물, 효모, 호프의 네가지 만을 원료로 만들었으나, 이후, 맥주의 품질 향상과 원료 및 제조공정의 비용절감을 위하여 맥아 외에 각종 전분질 원료인 백미, 밀, 감자 등을 사용하고 있으며, 색깔, 맛, 향을 위해 첨가물을 사용하기도 한다.

맥주를 평가하는 가장 기본적인 기준은 색, 거품, 향, 맛 등으로 좋은 맥주의 특유한 맛과 향은 맥아, 호프의 조화에서 나오지만 물의 종류에 따라 색과 맛에 큰 영향을 주기도 한다.
맥주의 효모는 크게 2종류가 있는데, 발효가 끝나면 거품과 함께 위로 떠오르는 상면발효 효모와 밑으로 가라앉는 하면발효 효모가 있다. 상면발효 효모로 발효시킨 맥주를 '에일(ale)'이라 하고, 하면발효 효모로 발효시킨 맥주를 '라거(lager)'라고 한다. 라거 맥주는 상면발효 맥주인 에일 맥주보다 낮은 온도에서 장시간 저장시켜 만들어 지기 때문에 과일 향이나 깊은 맛이 없는 대신 부산물이 적어 깔끔하고 시원한 청량감이 특징이다. 이에 비해 주로 영국, 아일랜드, 벨기에에서 많이 만들어지는 에일 맥주는 향기가 강하고, 진하고 깊은 맛과 호프의 쓴맛이 특징이다.

맥주를 마실 때는 반드시 맥주 전용 잔에 따라 마셔야 하는데, 그래야만, 맥주 특유의 색을 감상할 수 있고, 적당한 거품이 만들어지기 때문이다. 맥주의 거품은 맥주가 공기와 접촉하여 산화되는 것을 막아주는 역할을 하기 때문에 어느 정도 거품이 생기도록 맥주를 따라야 한다. 일반적으로 맥주와 거품의 이상적인 비율은 7:3이다. 이론적으로 좋은 맥주는 맥주를 다 마실 때까지 거품이 남아 있어야 한다. 맥주잔의 모양이 우리가 마시는 음료수잔 가운데 가장 다양한 이유는 맥주잔이 맥주의 거품, 향, 맛과 직접적인 관계가 있기 때문이다.

위스키(Whisky)

위스키의 역사는 증류 기술의 발전과 궤를 같이 하는데, 유럽 대륙에서 아일랜드를 거쳐 스코틀랜드에 전해졌고, 18-19세기부터는 미국에 전해져 위스키가 제조되기 시작하였다. 세계 여러 나라에서 생산되고 있으나 아일랜드의 아이리쉬 위스키, 스코틀랜드의 스카치 위스키, 미국의 아메리칸 위스키, 그리고 캐나다의 캐나디안 위스키가 대표적이다.

위스키는 맥아와 밀, 옥수수 등 곡류를 원료로 사용한다. 맥아로 원료를 당화시킨 당화액에 효모를 섞어 발효시킨 후 몇 차례 증류를 반복하여 얻어진 술을 오크(Oak)통에 넣어 1-3년 이상 숙성시켜 향미와 향취를 자아내는 증류주가 바로 위스키인 것이다
위스키는 사용하는 원료에 따라서 크게 맥아만을 사용하여 만든 몰트 위스키와 맥아와 옥수수 밀, 호밀등의 곡물을 사용하여 만든 그레인 위스키로 구분

한다. 하지만, 우리가 흔히 접하는 대부분의 위스키는 향이 강한 맥아 위스키와 곡류 위스키를 혼합하여 숙성시켜 만든 위스키를 '블렌디드 위스키'라고 하며, 오늘날 '스카치 위스키'의 대부분이 알코올 농도 40-43%의 '블렌디드 위스키이다. 또한 미국에서 옥수수를 주원료로 만든 버번 위스키를 비롯, 콘 위스키, 라이 위스키. 테네시 위스키 등이 있다.

브랜디(Brandy)

브랜디(브랜디와인, Brandywine)의 어원은 네델란드어로 '불에 태운 포도주(burntwine)'를 뜻하는 '브란데베인(Brandewijn)'에서 유래한 것으로 알려져 있다. 브랜디는 과실(果實), 과즙(果汁)을 발효시켜 만든 발효액, 즉 과실주를 증류하여 만든 술의 총칭이다.

제조 방법은 포도와 같은 과실을 원료로 알코올 발효 후, 과실주를 단식증류기로 증류 후 오크통에서 저장·숙성하며 불렌딩 한 후 제품화하는 것으로, 저장. 숙성과정중 오크통에서 녹아 나온 성분과 증류원액과의 화학적 반응으로 향기 성분인 아로마와 부케가 형성되어 독특한 맛과 향을 갖게 될 뿐만 아니라 색깔도 진한 황금색을 띄게 된다.

브랜디는 과실을 증류한 술인 만큼 과실 이름을 앞에 붙여 이름을 붙이는데, 포도를 원료로 만든 '포도 브랜디'가 품질도 우수하고 가장 많이 생산되어, 일반적으로 '브랜디'하면 '포도 브랜디'를 의미하게 되었다. 일반적으로, 알코올 도수가 35-60%이며, 전형적인 식후주로 마신다. 가장 유명한 것은 프랑스 남서부지방에서 생산되는 '꼬냑' 과 '아르마냑' 이며, 꼬냑과 아르마냑은 그 지방에서 일정한 규격에 따라 생산된 브랜디에 한해서 붙여진 이름이다.
독일, 그리스· 이탈리아·. 스페인. 러시아 등 세계 각국의 포도주 산지에서도 대부분 생산되는 브랜디는 크게 포도브랜디, 과일 브랜디, 퍼미스 브랜디로 분류한다.

보드카(Vodka)

보드카의 어원은 러시아어 '물(Voda)'에서 유래되었다.러시아어의 '지제니즈 보다 (Zhiezenniz Voda)'는 '생명의 물'이라는 뜻인데, 원래 보드카는 추운 지방의 슬라브 민족의 국민주였다고 한다.

보드카는 '발효주를 증류한 술'로 14-15세기 경부터 러시아에서 생산되기 시작하였다. 이후 유럽, 미국 등 세계로 전파되었으며, 오늘날에는 북유럽의 스웨덴, 노르웨이, 핀란드, 동유럽의 우크라이나, 폴란드, 체코 지역을 보드카 벨트(Vodka belt)라고 한다.

보드카는 밀, 보리, 호밀 외에 감자, 수수, 옥수수 등 곡류를 주원료로 하는데, 맥아로 당화시킨 후 효모를 섞어 발효시켜 연속식 증류기(patent still)로 증류한 뒤, 순도 높은 주정(에틸 알코올) 95% 이상을 생산, 자작나무 숯(활성탄)으로 여과 과정을 거쳐 불순물이나 악취 성분을 흡착 제거해 순수한 물로 희석하여 알코올 도수 40~60% 의 무색, 무미, 무취의 투명한 술이 된다.
차게 해서 그대로 작은 잔에 마시기도 하고, 다른 주류나 과일 주스와 조화가 잘 되기 때문에 칵테일의 원료로도 사용된다. 잘 알려진 '스크루드라이버'는 보드카에 오렌지 주스를, '빅애플'은 보드카에 사과즙을, '보드카 콜린스'는 보드카에 레모네이드를 조합한 것이다. 대표적 보드카로는 스미노프 레드, 그레이 구스, 압솔루트, 벨베디어, 스미노프 블랙, 케틀원, 시락 등이 있다.

진(Gin)

진은17세기 중엽 네덜란드의 의과대학(라이덴대학) 교수 프란시스 뒤

(FranciscoDubois de la Boe)에 의하여 만들어 졌다. 이뇨, 해열 등에 효과가 있다고 알려진 주니퍼 베리(노간주나무 열매)의 성분을 정유 알코올로 침출하여 이것을 증류하여 만든 무색. 투명하고 독특한 송진향을 갖고 있는 알코올 농도 40~50%인 술이다.

그 특성상 처음에는 약으로 판매되기 시작하였다고 한다. 네델란드에서는 국민적 음료로, 주니버라고 불리었던 이 술은 17세기 말경 영국으로 건너간 후 '진'이라 불리기 시작되었다. 진의 종류는 크게 영국의 런던진(London Gin)과 네델란드진(Holland Gin)두 종류 이외에 설탕으로 감미를 더한 old tom gin 등이 있다.

럼(Rum)

럼의 기원은 16세기 서인도제도 푸에르토라코 섬에 건너간 스페인의 '포세이 레온' 탐험대 대원 중 증류 기술을 가진 사람이 사탕수수로 증류주를 만든 것이 최초라는 설과 17세기 초 카리브해(서인도제도, 바하마제도)의 바베이도스섬에 증류기술을 가진 영국인이 이주하여 사탕수수로부터 얻은 당밀로 술을 만든 것이 최초라는 설이 있다

당밀이나 사탕수수의 즙을 발효 증류시킨뒤, 오크통에서 저장·숙성시킨 향미가 독특한 증류주인 럼은 알코올 도수가 40~60%인 술로, 일명 '해적의 술' 이라고도 할 만큼 선원들의 사랑을 받았다. 현재는 스페인, 호주, 뉴질란드, 맥시코 등 세계 여러나라에서 생산되지만, 대부분 자메이카, 쿠바 등에서 생산된다.
다양한 색에 따라서도 여러 이름을 갖는 럼은 원료의 품질이나 증류 및 숙성 방법 등에 따라서도 Heavy(dark), medium, light Rum으로 구분한다.

테킬라(Tequila)

멕시코의 토속주로, 원산지는 멕시코의 중앙고원지대에 위치한 할리스코

주의 주도(州都) 과달라하라 교외의 데킬라라는 마을이다. 데킬라 지방 멕시코의 원주민들에 의해 생산되기 시작한 데킬라는 아가베(용설란)즙을 원료로 사용한다. 아가베즙을 발효시킨 것을 '풀케(Pulque)'라고 하며, 풀케를 증류한 것을 일반적으로 메즈칼이라 부르는데, 메즈칼 중에서 데킬라 마을에서 생산되는 것을 '데킬라'라고 한다.

데킬라의 제조방법은 우선 8년생 전후의 아가베를 채취해 수액을 짜내어, 과육에 함유된 다당류를 먼저 당화한 후 효모를 첨가하여 발효시켜 발효주인 '플케'를 만든다. 그 후 플케를 단식증류기로 증류시킨 후 오크통 속에서 숙성시키는데 알코올도수는 40-50%정도 이다.

아가베를 발효시켜 풀케를 만들 때 효모에 의해 향과 부산물이 생성되어 향이

매우 강하고 맛이 자극적이어서 브랜디와 함께 가장 진한 향을 가진 술로 꼽힌다.

골드 데킬라는 발효·증류 후 3년 이상 숙성과정을 거쳐 순화된 맛이 일품이고, 화이트 데킬라는 숙성과정을 거치지 않은 풀케 본래의 맛과 향이 있어 강하고 거친 맛을 느낄 수 있다 데킬라는 레몬즙으로 손등을 적신 후 소금을 올려놓고, 손등의 소금을 핥으면서 즐기면 그 맛과 분위기를 모두 느낄 수 있다고 한다. 테킬라를 이용해 만드는 칵테일 '마르가리타'는 식전주로도 인기가 높다.

리큐르(Liqueur)

13세기 초 이탈리아 수도사들이 증류된 '생명의 물'에 허브식물의 잎과 뿌리를 추가해 얻어지는 약용효과를 발견한 후 환자들이 약으로 복용하도록 했던 것이 그 시작이다. 리큐르라는 말은 '식물의 유효 성분이 녹아 있다'는 라틴어 '리퀘파세르(liquefacere)'에서 유래 한 것이며, 여러 가지 방법을 통해 알코올로 향료를 침출해 제조했다.

리큐르는 과일이나 곡류를 발효시켜 만든 발효주를 증류한 증류주를 기본주로 사용하고 있으나, 제품에 따라서 브랜디, 위스키, 럼, 진, 보드카 등의 증류주도 사용하고 있다. 다시말해, 리큐르는 증류주에 과일이나 과즙, 꽃, 약초, 향초 등의 식물성 향미 성분을 넣고 설탕. 벌꿀의 당분을 첨가하여 향미를 더한 혼성주이다.

만드는 과정에서 짐작되듯 화려한 색과 더불어 특이한 맛과 향을 지녀, '액체의 보석'이라고도 불리는 리큐르는 색, 향, 미, 알코올의 조화가 균형을 이룬

것이 특징이다. 주로 식후주로 즐겨 마시며, 칵테일용 기주로 많이 사용된다. 리큐르의 종류는 풍미의 타입에 따라 분류한다. 풍미를 주는 재료는 허브, 과일, 종자(견과), 유제품(크림)등 크게 네 가지로 나눌 수 있는데, 유명 제품으로는 압생트, 베네딕틴 디오엠, 캄파리, 크랜베리 리큐르. 샤르트루즈, 페퍼민트, 만다린 등이 유명하고, 우리나라의 인삼주, 과실주, 오가피주 등이 리큐르에 속한다.

대작(對酌)

벗과 마주 앉아 술잔기울이니
산꽃이 절로 피고 한잔 또 한잔에 홍취는 무르익네
이제 나 취해서 쉬고 싶으니 그대 이만 돌아가게나
내일 아침에도 술 생각나면 거문고 안고 다시 오게나

이태백

* 작(酌)은 '술을 따르다'라는 뜻이다. 술과 관련된 작(酌)이 들어가는 말로 다음과 같은 표현이 있다.
* 대작(對酌)- 獨酌과 대비되는 표현으로, 서로 술잔을 주거니 받거니 따라주면서 마시는 행위
* 참작(參酌)- 헤아려 술을 따르는 행위
* 수작(酬酌)-손님에게 받은 잔을 다시 손님에게 돌리어 술을 권하는 행위.

청목주(青木酒)

우리 술을 배우고 빚으면서 예로부터 집집마다 술을 빚어 제사, 명절 그리고 손님 접대를 위해 빚었던 우리의 가양주 문화를 되살리기 위해 우리 집의 술 '청목주'를 빚게 되었다.

반백년(半百年)을 함께한 아내가 나의 뒷모습을 보고 당신은 항상 푸른 나무 같다고 하여 지어준 별명 "청목(青木)" 여기에 산과 들에서 노랗게 피어난 "감국(甘菊)" 의 은은한 향기를 더하여 정성을 모아 빚은 '술'이 '청목주'다.

재료

밑술: 멥쌀 4.0kg, 누룩 600g, 밀가루 200g, 물 5.0L

덧술: 멥쌀 4.0kg, 감국 7g, 물 6.0L

술 빚는 법

밑술

1. 멥쌀을 깨끗하게 씻어 불린 뒤 물기를 뺀 다음 가루를 낸다.
2. 멥쌀 가루에 끓는 물을 부어 반쯤 익은 죽(범벅)을 만든다.
3. 범벅이 식으면 누룩과 밀가루를 넣고 고루 버무려 항아리에 넣어 발효시킨다.
4. 3일 정도는 하루에 한 번씩 술 전체를 고주 저어 준다.

덧술

1. 멥쌀을 깨끗이 씻어 12시간 정도 불린 뒤 찜 솥에 안쳐 고두밥을 쪄낸다.
2. 고두밥이 다 익으면 펼쳐서 차게 식힌다.
3. 고두밥에 빚어 놓은 밑술과 감국, 물을 넣고 섞어 항아리에 넣어 발효시킨다.
4. 술이 다 익으면 걸러 맑은 술을 얻은 뒤 다시 숙성시킨다.

잊고 살기엔 너무 억울한,
우리 전통술을 빚는 사람들

* 주간신문 아이디위클리가 취재한 글입니다.

고급술을 직접 빚어 마시던 선조들의 품격 높은 술문화는 도대체 어디로 사라졌을까? 그런 생각과 함께 '막걸리는 찌그러진 주전자와 찌그러진 양재기에 마시고 일본 청주는 깨끗한 고급 병에 담아 비싼 값을 치르고 마시면서도 이를 당연히 여기는 한국의 술문화는 바뀌어야 한다.'고 믿는 사람들이 있다. 전통주를 시음하고 빚는 이화회다.

이화회는 유럽의 '다국적 기업 CEO' 로, 퇴직 후 한국전통주연구소(박록담 소장)와 북촌전통주문화연구원(남선희원장)에서 전통주를 공부하며 술을 빚어온 열정의 소유자, 이동식 회장이 이끌고 있다.

전통주를 알려야 한다는 사명감으로 뭉친 사람들

거슬러보면, 우리나라는 가양주 문화다. 삼국시대 이전부터 가양주를 즐겼고 고려시대를 거쳐 조선시대에 가양주 문화가 꽃을 피게 됐다. 지역마다 재배한 다양한 농산물로 술을 빚고, 집안 나름의 레시피로 깊이를 더했다. 마시는 격식도 이에 버금갔다.

"예전부터 우리나라에는 고은 술병에 넣어 격조 있게 즐기는 술문화가 있었습

니다. 서민의 술로 인식되는 막걸리도 주발, 토기와 도자기를 사용했죠. 그런데 일제시대, 한국전쟁을 거치며 여의치 않자 싸구려 양재기에 담아먹기 시작했고 우리식이라는 착각에 빠진 것입니다."

우리 전통술을 빚는 사람들의 모임 이화회는 이런 소소한 문화부터 바꿔나가야 한다고 믿는다. 한국적인 술, 제대로 된 술이 뭔지를 알려야 한다는 사명감으로 회원들은 매월 한 번의 모임을 수년 째 이어가고 있다.

"막걸리는 탁주의 일종입니다. 옛날부터 내려온 우리나라의 술은 탁주, 청주, 소주 세 가지고, 그 중 탁주 속에 막걸리, 이화주, 합주가 있습니다. 원래 궁중이나 선비들은 청주를 마셨죠. 사람들에게 우리나라 청주가 뭐냐고 물으면 우리나라 청주를 마셔본 적이 없어 잘 모릅니다. 경주교동법주가 우리나라의 전통적인 청주입니다. 소주는 문배주, 화요, 안동소주가 있습니다. 그러나 한국인들은 많이 마시지 않습니다."

회원들의 이야기를 듣고 보니 그렇다. 언제부턴가 청주하면 일본 사케를 마신다. 차례 지내는 '정종'을 우리 것으로 아는 이들도 적지 않다. 청주의 브랜드가 정종인데도 아직도 차례지낼 때 정종을 찾는다. 경주교동법주 같은 고유의 청주를 제쳐두고 말이다. 현재 많이 먹는 희석소주가 아닌 증류소주하면 고량주를 찾고, 사케바를 찾는다.

이는 숱한 고난의 역사를 겪으며, 술 맛을 잊고 취하기 위해 마셔온 한국인의 슬픔일수도 있다. 프랑스 포도주가 레드냐, 화이트냐, 어디 산이냐, 몇 년 산이냐 따지면서 술값으로 고액을 지불하고 위스키도 몰트위스키냐, 스카치위스키냐, 몇 년산이냐 따지는데 정작 우리술은 어느 지역에서 어떻게 만들어졌는지 알고 싶지도, 묻지도 않는 것이다.

한국 전통술의 저력을 알자!

40여년을 유럽 회사에 몸담았던 이동식 회장은 "독일, 프랑스 사람들은 그들이 생산하던 안 하던 위스키, 와인에 대해서 너무 잘 안다. 어려서부터 역사를 공부하면서 자연스레 술의 역사와 의미를 알게 되고 이 전통을 계속 유지해나

가고 있다. 이것이 한 국가의 음주문화의 저력이다."라고 강조한다.
그래서 이화회 사람들은 전통술의 문화적 가치에 대해 알지 못하는 요즘 사람들이 우리 고유문화의 격을 점점 떨어뜨리고 있는 지금의 상황을 반전시키기 위해 노력 중이다.

"일본 청주는 쌀로 만든 발효제인 코지(Koji, 입국)을 이용하는데, 이것은 찐쌀에 필요로 하는 종균만을 인위적으로 접종, 배양한 것입니다. 그럼으로 일본청주는 대량생산을 위한 표준화가 된 것이죠. 그런데 한국 누룩은 표준화하기가 굉장히 어렵습니다. 대부분의 누룩은 밀가루를 주원료로 하는데, 만드는 방법도 메주 만드는 방법으로 자연에서 띄우게 됩니다.
그 곳 자연의 모든 미생물, 즉 누룩곰팡이, 유산균, 효모 등이 자연스레 누룩에 접종되어 발효되는 것입니다. 그래서 표준화가 쉽지 않은 것입니다. 술을 빚을 때마다, 계절에 따라 맛과 향이 달라지고 그렇기에 고장별로 더욱 섬세한 가양주 문화가 발전해왔고, 백제시대에는 일본에 술 빚는 기술을 전수한 것입니다."

이동식 회장의 말처럼, 결국 우리나라도 대량생산을 위해 입국, 개량누룩을 쓰게 됐다. 거기에 아스파탐이라는 감미료와 첨가제를 넣어 지금의 시판 막걸리를 만들어 낸 것이다. 당연히 우리나라 막걸리 고유의 청량감과 새콤한 맛은 사라진 맛의 막걸리다.
그런 시판 막걸리는 우리 전통술이 아니라고 생각하는 이화회 회원들은, 전통술 제조 방식 그대로 빚은 전통술을 찾아 함께 맛보고, 직접 전통술을 빚어 즐기고 있다.

"일본 청주와 우리 청주를 비교하면, 인공적으로 한 가지 균을 접종한 일본 청주에 비해 원래 우리 술은 맛과 향이 월등합니다. 수십 가지의 가양주를 마셔

보면 향기와 끝 맛, 입에 닿는 느낌이 천차만별 다르고 독특합니다."

이처럼 전통술에 푹 빠진 이화회 사람들은 그래서 더욱 더 전통술 보급 방법을 고민하고 있다.

'이화회', 우리 전통술을 널리 알리는 파수꾼으로...
'이화회'는 전통술을 더 잘 알기 위해 전통술 마시기 운동도 펼치고, 찌그러진 양재기 문화도 개선하는데 앞장 설 생각이다. 세계인들이 양재기를 진정 한국의 술문화로 인식할까 두렵기 때문이다.
포도주로 파티하는 문화, 그래야 폼 난다고 생각하는 인식의 전환도 모색할 계획이다.
거창하게 알리고 선전할 수는 없어도 주위에 지인들, 친지들과의 자리에서 작은 부분부터 한국적인 술문화를 전해주려 한다.

"아는 분들에게 전통술을 열심히 홍보하고 베푸는 문화를 가졌으면 합니다. 이것이 전통술 사랑의 출발점입니다. 소중한 우리 전통술을 내팽개치고 왜곡된 답습이 진짜인 양 오해하는 일이 없었으면 합니다. 우리 전통술을 재해석하고 새롭게 만들어 가는데 일조하는 '이화회'가 되겠습니다."

이화회 사람들의 말처럼 우리 전통술이 세계 속에 어떤 위상으로 될 지는 앞으로 우리가 얼마나 우리 전통술을 알고자하며 얼마나 사랑하는가에 달려있지 않을까? '이화회'의 작은 출발이 우리 전통술이 나아가야 할 새로운 지평이 되길 기대해 본다.

참고자료
다시 쓰는 주방문 박록담 저 | 발효식품학 심상국외 4인 공저 | 다시 찾아야할 우리술 조정형 지음 | 한국민족백과사전(Naver 인터넷) | 명주수첩 성중용 지음 | 맥주수첩 이기종 지음 | 사케입문 박정배 지음 | 중국인문기행 송재소 지음

靑木, 우리 술을 말하다

초판 | 2016년 11월 23일 1판 1쇄 인쇄
2016년 11월 29일 1판 1쇄 발행
지은이 | 이동식
펴낸이 | 임은주
펴낸곳 | 도서출판 청동거울
출판등록 | 1998년 5월 14일 제406-2011-000051호
주소 | (10881) 경기도 파주시 문발로115 (파주출판도시) 세종출판벤처타운 201호
전화 | 031) 955-1816(관리부) 031) 955-1817(편집부)
팩스 | 031) 955-1819
전자우편 | cheong1998@hanmail.net / 네이버블로그 청동거울출판사

값 12,000원

잘못 만들어진 책은 바꾸어 드립니다.

First published in Korea in 2016 by CheongDongKeoWool Publishing Co.
Printed in Korea.

ISBN 978-89-5749-187-4 (03590)

이 도서의 국립중앙도서관 출판시도서목록(CIP)은 서지정보유통지원시스템 홈페이지
(http://seoji.nl.go.kr)와 국가자료공동목록시스템(http://www.nl.go.kr/kolisnet)에서
이용하실 수 있습니다. (CIP제어번호: CIP2016028226)